PROBLÈMES

DE

MATHÉMATIQUES

ET DE PHYSIQUE

À L'USAGE DES ASPIRANTS AU BACCALAURÉAT ÈS SCIENCES
ET À L'ÉCOLE CENTRALE

PAR

A. LABOSNE

Professeur de Mathématiques

PARIS

LIBRAIRIE DE DEZOBRY, E. MAGDELEINE ET Cⁱᵉ

Rue du Cloître-Saint-Benoît, 10 (quartier de la Sorbonne)

1857

PROBLÈMES

DE

MATHÉMATIQUES

ET DE PHYSIQUE

A L'USAGE DES ASPIRANTS AU BACCALAURÉAT ÈS SCIENCES
ET A L'ÉCOLE CENTRALE

PAR

A. LABOSNE

Professeur de Mathématiques

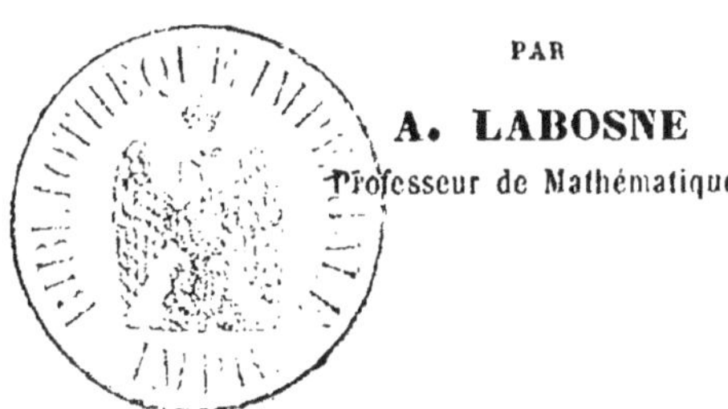

PROBLÈMES DE MATHÉMATIQUES

PARIS

LIBRAIRIE DE DEZOBRY, E. MAGDELEINE ET Cie
Rue du Cloître-Saint-Benoît, 10 (quartier de la Sorbonne)

1857

Paris. — Typographie Gaittet et Cie, rue Git-le-Cœur, 7.

PRÉFACE.

En publiant ce Recueil de Problèmes, nous nous sommes proposé spécialement de venir en aide aux jeunes gens qui se préparent à l'épreuve du baccalauréat ès sciences ou à celle de l'École centrale. Il ne faut donc pas demander à ce Recueil ce qui ne convient pas au but qu'il se propose d'atteindre.

Ainsi, on n'y trouvera pas de problèmes qui ne soient que des applications *immédiates* de formules bien connues; on n'y trouvera pas non plus de ces problèmes difficiles, ni surtout de ces interminables discussions que le candidat ne pourrait ni résoudre, ni rédiger, dans le peu de temps qui lui est accordé pour l'épreuve écrite. Les questions qui lui sont proposées ont spécialement pour objet de lui faire appliquer une ou plusieurs des formules qu'il doit connaître; mais cette application, sans être immédiate, n'exige jamais de longues considérations. Telles sont la *nature* et la *force* des 400 problèmes contenus dans ce Recueil. La moitié de ces problèmes sont complétement résolus; les autres sont proposés comme exercices. Ils sont d'ailleurs disposés dans l'ordre même suivant lequel on étudie les principes sur lesquels repose leur résolution.

Dans la résolution des problèmes, nous nous sommes attaché à bien montrer comment, lors même que les données sont numériques, il convient d'établir d'abord la formule de résolution, sans s'occuper d'effectuer les opérations, au fur et à mesure qu'elles se présentent, si ce n'est pour l'addition et la soustraction. En poursuivant jusqu'à la fin l'indication des opérations à effectuer, l'élève reconnaîtra bientôt qu'il en résulte les avantages suivants :

1° La suite des raisonnements qu'il faut faire pour arriver à la solution devient plus facile à saisir ou à établir;

2° Le calcul à faire est simplifié par toutes les réductions *algébriques* qui se présentent dans la question, c'est-à-dire par les réductions qui sont indépendantes des valeurs spéciales des données;

3° Le calcul à faire est encore simplifié par les réductions *arithmétiques* qui proviennent des valeurs particulières attribuées aux données de la question;

4° Dans le cas où le calcul n'est pas fait par logarithmes, on voit mieux avec quelle approximation chaque opération partielle doit être faite pour que le résultat final soit obtenu avec un nombre déterminé de chiffres exacts.

La formule étant établie, il faut effectuer le calcul, si elle est numérique. Nous n'entrons pas dans le détail des opérations, car nous devons supposer que l'élève sait faire usage d'une table de logarithmes, et qu'il sait trouver avec une approximation donnée le résultat d'une multiplication, d'une division, d'une extraction de racine carrée ou cubique, et d'une combinaison quelconque de ces opérations. Nous renvoyons pour ces détails à notre *Traité d'Arithmétique.*

Cependant, il est vrai de dire que, malgré les intentions des nouveaux programmes, *l'art du calcul* n'a pas fait beaucoup de progrès dans l'enseignement; les élèves ont toujours la mauvaise habitude de calculer, *dans tous les cas*, chaque résultat avec un grand nombre de chiffres, et la plupart de ces chiffres sont erronés; il y a même tel ouvrage où l'on trouve des résultats exprimés avec huit et neuf chiffres dont les sept derniers sont inexacts. Nous dirons aux élèves : En général, un calcul est *bien fait*, si le résultat est donné avec quatre chiffres exacts; il est *très-bien fait,* quand il y en a cinq. Si l'on s'écarte quelquefois de cette règle, cela tient à la nature particulière de la question qu'on veut résoudre.

PROBLÈMES

D'ARITHMÉTIQUE.

Problème 1. *La population majeure en France est de 21028765 habitants. La partie majeure du sexe masculin est les $\frac{3}{10}$ de la population totale, et la partie majeure du sexe féminin est les $\frac{16}{17}$ de la partie majeure du sexe masculin. On demande la population totale de la France et la partie majeure de l'un et de l'autre sexe.*

La partie majeure du sexe masculin est les $\frac{3}{10}$ de la population totale ; la partie majeure du sexe féminin est les $\frac{16}{17}$ de la partie majeure du sexe masculin, ce qui fait les $\frac{16}{17}$ des $\frac{3}{10}$ de la population totale ou les $\frac{48}{170}$ de la population totale. Par conséquent, la population majeure en France est les $\frac{3}{10}$ plus les $\frac{48}{170}$ de la population totale, c'est-à-dire les $\frac{99}{170}$ de la population totale. Il résulte de là que le nombre 21028765 est le produit de la population totale par $\frac{99}{170}$, et, par suite, que la population totale est égale au quotient de 21028765 par $\frac{99}{170}$ ou $\frac{21028765 \times 170}{99}$, c'est-à-dire de 36110000 habitants.

En prenant les $\frac{3}{10}$ et les $\frac{48}{170}$ de ce nombre, on aura la partie majeure du sexe masculin et celle du sexe féminin. On trouve 10833000 pour la première et 10195765 pour la seconde.

Problème 2. *Quatre aiguilles parcourent d'un mouvement uniforme et dans le même sens un cadran divisé en 4320 parties égales; en une heure, la première se déplace de 864 divisions, la seconde de 648, la troisième de 504 et la quatrième de 324. On demande le temps qui s'écoule entre deux rencontres simultanées des quatre aiguilles.*

Considérons les quatre aiguilles à partir du moment où elles se trouvent sur la même division. En une heure, la première s'éloigne de la seconde d'un nombre de divisions égal à 864 — 648 ou 216. Or, elle la rencontrera quand elle s'en sera éloignée de 4320 divisions ; cette rencontre aura donc lieu après un nombre d'heures exprimé par $\frac{4320}{216}$ ou après 20 heures. On trouve de même que la première aiguille rencontre la troisième toutes les 12 heures, et la quatrième toutes les 8 heures. La première aiguille rencontrera donc les trois autres aussitôt qu'il se sera écoulé un nombre d'heures multiple de 20, de 12 et de 8, c'est-à-dire après un nombre d'heures égal au plus petit commun multiple de 20, 12 et 8. Ce plus petit commun multiple est 120 donc les rencontres simultanées des quatre aiguilles auront lieu toutes les 120 heures.

Problème 3. *Un spéculateur en bestiaux loue une prairie pour un an moyennant 720 fr., puis il emprunte 7500 fr. à 6 pour 100 par an, et avec cette somme il achète 25 bœufs qu'il laisse sur pré pendant 3 mois, au bout desquels il les revend 360 fr. chacun; avec l'argent qu'il en retire il achète 28 autres bœufs qu'il laisse aussi sur pré pendant 3 mois, et qu'il revend ensuite 400 fr. chacun. Il rembourse alors l'argent qu'il a emprunté, puis il sous-loue sa prairie pour le reste de l'année ou 180 jours à raison de $0^{fr},85$ par jour. Quel est son bénéfice net?*

Pour les 7500 fr. empruntés à 6 pour 100 par an, le spécula-
teur a rendu, au bout de 6 mois, $7500 + \dfrac{7500 \times 6}{100 \times 2}$ ou 7725 fr.;
il a de plus payé 720 fr. pour le fermage de la prairie; cela fait,
en somme, 8445 fr. Or, il a reçu pour la vente de ses bœufs
400 fr. $\times$ 28 ou 11200 fr., et pour la prairie 0^{fr},85 $\times$ 180 ou
153 fr.; en tout, 11353 fr. Par conséquent, son bénéfice net est
de 11353 — 8445, c'est-à-dire 2908 fr.

Problème 4. *Le capital engagé dans une usine est de
675000 fr. dont une moitié représente le capital fixe (machines
et bâtiments) et dont l'autre moitié forme le fonds de roulement.
Cette usine produit annuellement 7640 tonnes de fonte qui se vendent au prix de 126^{fr},50 la tonne. Le prix de revient de 100 kilog.
de fonte est de 8^{fr},72; le capital fixe paye 11^{fr},50 pour 100 d'intérêt, et le fonds de roulement 7^{fr},15. Quel est le bénéfice annuel?*

D'après l'énoncé, le capital fixe et le fonds de roulement sont
chacun de 337500 fr. On paye pour le premier un intérêt de
3375$\times$11,50 et pour le second 3375$\times$7,15, ce qui fait 3375$\times$18,65
ou 62943^{fr},75.

Le prix de revient étant de 8^{fr},72 pour 100 kilog. de fonte,
est de 87^{fr},20 pour une tonne; il y a donc sur chaque tonne de
fonte un bénéfice de 126,50 — 87,20 ou 39^{fr},30; par conséquent,
les 7640 tonnes donnent un bénéfice de 39,30 $\times$ 7640 ou
300252 fr. Il en résulte que le bénéfice net est de

300252 fr. — 62943^{fr},75, ou 237308^{fr},25.

Problème 5. *Dans une usine on traite un minerai dont la
teneur en cuivre est de 12 pour 100, et qui coûte 18 fr. le quintal.
Les frais d'extraction s'élevant à 5^{fr},75 par quintal de minerai, et
les $\dfrac{2}{100}$ du cuivre que le minerai contient étant perdus dans l'opération, à quel prix reviendra le quintal de cuivre?*

Le prix d'un quintal de minerai étant de 18 fr., et les frais d'extraction du cuivre s'élevant à $5^{fr},75$, la quantité de cuivre extraite de chaque quintal coûtera $18 + 5,75$ ou $23^{fr},75$. Or, chaque quintal de minerai contient $0,12$ de quintal de cuivre; mais comme on perd les $0,02$ du cuivre qui y est contenu, on n'en retire que les $0,98$, c'est-à-dire $0^q,12 \times 0,98$ ou $0^q,1176$; telle est la quantité de cuivre qu'on obtient pour une dépense de $23^{fr},75$. Par conséquent, le quintal de cuivre revient à $\dfrac{23^{fr},75}{0,1176}$ ou $201^{fr},96$.

Problème 6. *On fabrique avec les débris de poissons un engrais appelé* ENGRAIS-POISSON. *A l'état pulvérulent, cet engrais représente 22 pour 100 du poids des débris employés à le fabriquer, et il en faut 400 kilog. pour fumer un hectare de terre. Le prix d'achat étant de 20 fr. les 100 kilog. dans les ports d'embarquement et le transport revenant à 30 pour 100 du prix d'achat, on demande le prix de la fumure d'une propriété de 187 hectares 65 ares, et le poids des débris de poissons employés à la fabrication de l'engrais.*

Puisque la fumure d'un hectare exige 400 kilog. d'engrais, celle de 187 hectares 65 ares exigera $400^{kg} \times 187,65$ ou 75060 kilogrammes.

Les 100 kilog. d'engrais reviennent à 20 fr. plus les $\dfrac{30}{100}$ de 20 fr., ce qui fait 26 fr.; par conséquent, le kilog. revient à $0^{fr},26$, et les 75060 kilog. reviendront à $0^{fr},26 \times 75060$ ou $19515^{fr},60$.

Quant au poids des débris de poissons employés, il est les $\dfrac{100}{22}$ du poids de l'engrais; il est donc égal à $\dfrac{75060 \times 100}{22}$ ou 341182 kilogrammes.

Problème 7. *Une prairie rapporte en moyenne 735 kilog. de foin par 40 ares de surface, et le regain équivaut au quart de la récolte en foin; les frais de culture sont évalués à $36^{fr},25$ par hectare, et le prix du foin est de $35^{fr},75$ les 1000 kilog. Quelle doit* *être l'étendue de cette prairie pour qu'en la payant 5700 fr. on ait placé son argent à $5\frac{1}{2}$ pour 100?*

Un capital de 5700 fr. placé à $5\frac{1}{2}$ pour 100 rapporte $57^{fr} \times 5,5$ ou $313^{fr},50$. D'un autre côté 40 ares produisant 735 kilog. de foin, 1 hectare en produit $\dfrac{735 \times 100}{40}$ ou $1837^{kg},5$ qui valent, par conséquent, $\dfrac{35,75 \times 1837,5}{1000}$ ou $65^{fr},69$; le regain vaut le quart de cette somme, ou $16^{fr},42$ et les frais de culture sont de $36^{fr},25$ par hectare; de sorte qu'un hectare de prairie rapporte $65^{fr},69 + 16^{fr},42 - 36^{fr},25$ ou $45^{fr},86$. Le nombre d'hectares nécessaires pour produire $313^{fr},50$ sera donc de $\dfrac{313,50}{45,86}$, ce qui fait 6 hectares 83 ares 60 centiares.

Problème 8. *On a le choix entre deux chemins de fer pour le transport d'une marchandise d'une ville à une autre. Sur l'un la charge de chaque wagon est de 5000 kilog., le trajet est de 42 kilomètres, le prix de transport est de $0^{fr},43$ par wagon et par kilomètre, et l'on paye en outre un droit fixe de $1^{fr},75$ par wagon. Sur l'autre, la charge est de 6000 kilog. par wagon, le trajet est de 50 kilomètres, le prix de transport est de $0^{fr},40$ par wagon et par kilomètre, et le droit fixe par wagon est de 2 fr. Quelle est la plus avantageuse des deux voies, et quelle économie l'une présente-t-elle sur l'autre pour un transport de 6000 tonnes?*

Pour chaque wagon transporté sur la première voie, on payera $0^{fr},43 \times 42 + 1^{fr},75$, ce qui fait $19^{fr},81$; pour chaque wagon transporté sur la seconde voie, on payera $0^{fr},40 \times 50 + 2$ fr., ce qui fait 22 fr. Sur l'une, $19^{fr},81$ sont le prix du transport de 5 tonnes, par conséquent le prix du transport d'une tonne est de $\dfrac{19,81}{5}$ ou $3^{fr},962$; sur l'autre, 22 fr. sont le prix du transport de 6 tonnes, par conséquent le prix de transport pour une tonne est de $\frac{22}{6}$ ou $3^{fr},666\ldots$; donc la seconde voie est plus avantageuse que la première.

Sur la première voie, le transport de 6000 tonnes exigera un nombre de wagons exprimé par $\frac{6000}{5}$ ou 1200; sur l'autre, il en faudra $\frac{6000}{6}$ ou 1000; le transport coûterait donc sur le premier chemin $19^{fr},81 \times 1200$ ou 23772 fr., et, sur le second, $22^{fr} \times 1000$ ou 22000 fr.; ainsi, il y aura une économie de 1772 fr. en prenant la seconde voie.

Problème 9. *Une machine à vapeur dépense 851950 kilogrammes de charbon en 103 jours; un perfectionnement permet de ne lui en faire dépenser que 2860 kilog. en 37 heures, en obtenant la même force. On demande l'économie annuelle, en supposant que la machine fonctionne pendant 330 jours de l'année, que 100 kilogrammes de charbon coûtent $3^{fr},75$, et que la journée de travail soit de 20 heures.*

Avant le perfectionnement, la machine dépense 851950 kilogrammes de charbon en 103 jours; en 1 jour elle dépense donc $\frac{851950}{103}$ kilog., et en 330 jours elle en dépense $\frac{851950 \times 330}{103}$ ou 2729549 kilogrammes.

Après le perfectionnement, la machine dépense 2860 kilog. en 37 heures; en 1 heure elle dépense donc $\frac{2860}{37}$ kilog.; par suite, en 20 heures ou 1 jour elle dépense $\frac{2860 \times 20}{37}$, et en 330 jours, $\frac{2860 \times 20 \times 330}{37}$ ou 510162 kilogrammes.

La différence entre les deux dépenses est de 2219387 kilogrammes, ce qui représente une économie annuelle de $3^{fr},75 \times 22193,87$ ou 83227 francs.

Problème 10. *Les houilles grasses du bassin de la Loire, carbonisées dans des fours, rendent une quantité de coke qui est les $\frac{61}{100}$ du volume de la houille; l'hectolitre de ce coke pèse 43 kilog. et les frais de main-d'œuvre sont de $0^{fr},10$ pour 100 kilog. de coke obtenu. Combien, d'après cela, a-t-on dû traiter d'hectolitres de houille dans un four où les frais de main-d'œuvre se sont élevés à 75000 francs?*

Pour $0^{fr},10$ de main-d'œuvre on obtient 100 kilog. de coke; par conséquent, pour 1 fr. on en obtient 1000 kilog., et pour 75000 fr. on en a obtenu 75000000 kilog. L'hectolitre de coke pesant 43 kilog., le nombre d'hectolitres obtenus est égal à $\frac{75000000}{43}$. Or, le volume du coke est les $\frac{61}{100}$ du volume de la houille; par conséquent le volume de la houille est les $\frac{100}{61}$ du volume du coke; le nombre d'hectolitres de houille est donc égal à $\frac{75000000 \times 100}{43 \times 61}$. On trouve pour résultat 2859321 hectolitres.

Problème 11. *Sur un chemin de fer on prend pour le transport des charbons $0^{fr},097$ par tonne et par kilomètre; on paye, en outre, un droit fixe de $2^{fr},10$ par wagon contenant 3200 kilogrammes. A combien reviendront 30000 hectolitres achetés au prix de $2^{fr},17$ l'hectolitre et transportés par chemin de fer à 20 myriamètres 47 hectomètres? On sait d'ailleurs que l'hectolitre de charbon pèse 82 kilog.*

Le transport d'une tonne à 1 kilomètre coûtant $0^{fr},097$, le transport de 1 kilog. à 1 kilom. revient à $\frac{0^{fr},097}{1000}$; le transport de 82 kilog. à 1 kilom. coûtera donc $\frac{0^{fr},097 \times 82}{1000}$. Or, 82 kilog. sont la même chose qu'un hectolitre; par conséquent le transport de 30000 hectolitres à 1 kilom. coûtera $0^{fr},097 \times 82 \times 30$, et à 20 myriamètres 47 hectomètres ou 204,7 kilomètres; il sera payé $0^{fr},097 \times 82 \times 30 \times 204,7$ ou $48845^{fr},51$.

Il faut y ajouter la somme due pour le droit fixe de $2^{fr},10$ par wagon. Or, chaque wagon contenant 3200 kilog. et le nombre des kilog. à transporter étant de $82^{kg} \times 30000$, le nombre de wagons employés sera de $\dfrac{82 \times 30000}{3200}$ ou 769 ; par conséquent, le droit fixe sera égal à $2^{fr},10 \times 769$, ce qui fait $1614^{fr},90$. En ajoutant cette somme à la précédente, on a $50460^{fr},41$ pour la somme à payer au chemin de fer.

Le prix d'achat étant de $2^{fr},17 \times 30000$ ou 65100 fr., les 30000 hectolitres de charbon reviendront à $65100^{fr} + 50460^{fr},41$ ou $115560^{fr},41$.

Problème 12. *Calculer la puissance calorifique d'un stère de bois qui pèse 400 kilog. et qui se compose de chêne et de sapin. On sait qu'un mètre cube de chêne pèse 450 kilog. et développe par la combustion 1200000 unités de chaleur, tandis qu'un mètre cube de sapin ne pèse que 325 kilog. et ne développe que 880000 unités de chaleur.*

Le mètre cube de chêne pesant 450 kilog., ce qui fait $0^{kg},450$ par décimètre cube, cherchons combien de décimètres cubes de chêne il faut remplacer par du sapin pour que le poids du mètre cube devienne 400 kilog., c'est-à-dire diminue de 50 kilog. Or, chaque décimètre cube de sapin qui ne pèse que $0^{kg},325$ étant mis à la place d'un décimètre cube de chêne qui pèse $0^{kg},450$, le poids diminuera de $0,450 - 0,325$ ou $0^{kg},125$; donc pour qu'il diminue de 50 kilog. il faudra mettre un nombre de décimètres cubes de sapin exprimé par $\dfrac{50}{0,125}$ ou 400. Le stère de bois pesant 400 kilog. est donc composé de $0^{st},4$ de sapin, et par suite de $0^{st},6$ de chêne. Par conséquent, sa puissance calorifique, c'est-à-dire le nombre d'unités de chaleur que développera sa combustion est de

$$1200000 \times 0,6 + 880000 \times 0,4$$

c'est-à-dire 1072000 unités de chaleur.

Problème 13. *On doit faire transporter 1500 mètres cubes de terre à une distance de 1400 mètres, et l'on emploiera pour cela le tombereau attelé d'un cheval. La charge du tombereau étant de 1200 kilog., on sait que le cheval fait 4200 mètres par heure; le temps nécessaire pour charger et décharger la voiture sera de 8 minutes à chaque voyage; et il faut compter en outre pour chaque retour les $\frac{3}{5}$ du temps que dure le transport de chaque tombereau.*

On sait enfin que le mètre cube de terre pèse 1600 kilog., et que le cheval avec son conducteur sont payés 5 fr. par journée de 10 heures de travail. Combien, d'après cela, coûtera le transport des 1500 mètres cubes de terre?

Le poids de la terre qui devra être transportée est de 1600^{kg} $\times$ 1500, et le cheval en peut transporter 1200 kilog. à chaque voyage; par conséquent, le nombre des voyages qu'il devra faire est de $\dfrac{1600 \times 1500}{1200}$ ou 2000.

Cherchons maintenant combien il en peut faire par jour. Puisqu'il parcourt 4200 mètres en 1 heure, il en parcourra 1400 en $\dfrac{1400}{4200}$ d'heure ou $\dfrac{1}{3}$ d'heure, ce qui fait 20 minutes; ajoutons les 8 minutes nécessaires pour charger et décharger chaque tombereau, puis les $\dfrac{3}{5}$ de 20 minutes ou 12 minutes pour chaque retour, et nous aurons 40 minutes pour le temps correspondant à chaque voyage. Or, le travail est de 10 heures ou 600 minutes par jour; donc le nombre des voyages faits par jour sera de $\dfrac{600}{40}$ ou 15.

Le quotient de 2000 par 15 exprimera, par conséquent, le nombre des journées de travail; par suite, la dépense sera de $\dfrac{5^{fr} \times 2000}{15}$ ou $\dfrac{2000^{fr}}{3}$, c'est-à-dire 666^{fr},67.

Problème 14. *Le minerai d'une usine à plomb contient 23 pour 100 de ce métal, et le plomb contient lui-même 0,003 d'argent; les procédés d'extraction permettent d'obtenir tout l'argent,*

mais sur le plomb il y a une perte de 10 pour 100. Les deux mé-
taux étant séparés, on vend le plomb 55 fr. les 100 kilog., et l'argent
222^{fr},22 le kilog., ce qui produit au bout de l'année 1795000 fr.
On demande la quantité de minerai traitée dans l'usine et la quan-
tité de chaque métal résultant de l'exploitation.

Le minerai contient 0,23 de plomb argentifère, et le plomb
contient 0,003 d'argent; par conséquent, l'argent contenu dans le
minerai est les 0,003 des 0,23 du poids du minerai ou les 0,00069
de ce poids.

Cet argent étant extrait en totalité, il reste une quantité de
plomb égale à 0,23 moins 0,00069, c'est-à-dire 0,22931 du poids
du minerai ; mais puisqu'il y a une perte de 10 pour 100 ou $\dfrac{1}{10}$,

on ne retire que les $\dfrac{9}{10}$ de ce plomb, ce qui fait 0,206379 du
poids du minerai.

Sur 1 kilog. de minerai on obtient donc 0^{kg},00069 d'argent
qui valent 222^{fr},22 × 0,00069 ou 0^{fr},1533318 ; et 0^{kg},206379 de
plomb qui valent 0^{fr},55 × 0,206379 ou 0^{fr},11350845 : de sorte
que 1 kilog. de minerai produit 0^{fr},1533318 + 0^{fr},11350845, ce
qui fait 0^{fr},26684025 ; par conséquent, le nombre de kilog. de
minerai traité est égal au quotient de 1795000 par 0,26684025.
On trouve pour résultat 6726871 kilogrammes.

Il en résulte que le poids du plomb produit est égal à

$$6726871 \times 0,206379 \text{ ou } 1388285 \text{ kilog.,}$$

et que le poids de l'argent est de

$$6726871 \times 0,00069 \text{ ou } 4641^{kg},541.$$

Problème 15. *Les profondeurs de trois puits artésiens* A,
B, C, *sont respectivement de* 220^m, 395^m, 543^m; *la température des*
eaux étant pour A *de* 19°,75, *pour* B *de* 25°,33, *pour* C *de* 30°,50,
on demande si pour ces trois puits il est exact de dire que l'accrois-
sement de la température soit proportionnel à l'accroissement de

profondeur. Quelle serait la température de l'eau fournie par C si la loi précédente était exacte ?

La différence de profondeur entre A et B est de 175^m et la différence de température est de 5°,58 ; la différence de profondeur entre B et C est de 148^m, et la différence de température est de 5°,17 ; il s'agit donc de vérifier si l'on a $\dfrac{175}{148} = \dfrac{5,58}{5,17}$ ou 175 $\times$ 5,17 $=$ 148 $\times$ 5,58 ; or ces produits ne sont pas égaux ; par conséquent, l'accroissement de température n'est pas proportionnel à l'accroissement de profondeur.

Si la loi était exacte, l'accroissement de température correspondant au puits C serait le quatrième terme de la proportion $\dfrac{175}{148} = \dfrac{5,58}{x}$, et l'on aurait $x = \dfrac{5,58 \times 148}{175}$ ou 4°,72 ; par suite, la température du puits C serait égale à 25°,33 $+$ 4°,72, c'est-à-dire 30°,05.

Problème 16. *Une personne, pour s'acquitter d'une dette, a donné à son créancier deux billets, l'un de 840 fr. payable dans 8 mois, et l'autre de 564 fr. payable dans 11 mois ; 3 mois plus tard elle offre de remplacer ces deux billets par un seul payable dans un an ; le créancier accepte, mais à condition que le billet sera de 1453^{fr},50. A quel taux prête-t-il son argent ?*

A l'époque de la convention, le premier billet a encore 5 mois de date ; par conséquent, l'époque de son payement est reculée de 7 mois ; le débiteur doit donc payer l'intérêt de 840 fr. pour 7 mois, ou l'intérêt de 840 $\times$ 7 fr. pour 1 mois. On voit de la même manière qu'il devra payer l'intérêt de 564 fr. pour 4 mois ou l'intérêt de 564 $\times$ 4 fr. pour 1 mois. Il doit donc payer l'intérêt pour 1 mois d'une somme égale à 840 $\times$ 7 $+$ 564 $\times$ 4 ou 8136 francs.

Or, le créancier demande un billet qui est de 49^{fr},50 plus fort que la somme des deux autres ; par conséquent, ces 49^{fr},50 représentent l'intérêt de 8136 fr. pour 1 mois. Il en résulte que le taux est égal à

$$\frac{49,50 \times 100}{8136 \times \frac{1}{12}} \text{ ou } 7^{fr},30.$$

Problème 17. *Une personne a fait trois billets : le premier de 370 fr. qui échoit dans 47 jours ; le second de 500 fr. qui échoit dans 62 jours ; et le troisième de 430 fr. qui échoit dans 78 jours. Si l'on consent à lui remettre ces trois billets contre un seul dont le montant soit égal à la somme des trois autres, à quelle époque faudra-t-il mettre l'échéance de ce billet?* (On emploiera l'escompte commercial.)

Le quatrième billet sera équivalent aux trois autres si, à l'escompte, on en retire la même somme que des trois autres. Or, la valeur nominale du quatrième billet étant égale à la somme des valeurs nominales des trois autres, il suffit que l'escompte de l'un soit égal à la somme des escomptes des trois autres. Cherchons donc ces escomptes.

Sur le premier billet on retiendrait l'intérêt de 370 fr. pour 47 jours, ce qui équivaut à l'intérêt pour 1 jour d'une somme 47 fois plus grande, ou $370^{fr} \times 47$.

Sur le second billet on retiendrait l'intérêt de 500 fr. pour 62 jours, ce qui équivaut à l'intérêt pour 1 jour d'une somme 62 fois plus forte, ou $500^{fr} \times 62$.

On voit de même que sur le troisième billet on retiendrait l'intérêt pour 1 jour d'une somme égale à $430^{fr} \times 78$.

L'escompte sur les trois billets revient donc à l'intérêt pour un jour d'une somme égale à

$$370 \times 47 + 500 \times 62 + 430 \times 78.$$

Or, si nous désignons par x le nombre de jours après lesquels le quatrième billet doit être payable, nous aurons pour ce billet un escompte qui sera égal à l'intérêt de 1300 fr. pour x jours, ce qui revient à l'intérêt pour un jour d'une somme x fois plus grande, ou $1300^{fr} \times x$. L'escompte sur ce dernier billet sera donc égal à la somme des escomptes des trois autres, si l'on a

$$1300 \times x = 370 \times 47 + 500 \times 62 + 430 \times 78.$$

En effectuant les calculs on trouve que

$$1300 \times x = 81930 ;$$

par conséquent, $x = \dfrac{81930}{1300}$ ou 63 jours.

REMARQUE. Le problème que nous venons de résoudre consiste dans la recherche d'une *échéance commune*; le calcul à faire est compris dans la règle suivante :

Pour trouver l'échéance commune, on multiplie la valeur nominale de chaque billet par le temps qui doit s'écouler jusqu'à son échéance, puis on fait la somme de tous les produits et on la divise par la somme des valeurs nominales de tous les billets.

On remarquera l'analogie de ce calcul avec celui par lequel on résout certaines questions de mélange et d'alliage.

Problème 18. *Trois grandeurs variables A, B et C dépendent l'une de l'autre ; on sait que A est proportionnelle à B, quand C ne varie pas, et que A est proportionnelle à C, quand B ne varie pas. On demande comment varient les grandeurs B et C, quand A ne varie pas.*

Soient a, b, c trois valeurs correspondantes des grandeurs A, B, C, et a', b', c' trois autres valeurs correspondantes de ces mêmes grandeurs. On a, d'après la formule générale des règles de trois,

$$a = a' \times \frac{b}{b'} \times \frac{c}{c'};$$

si la grandeur A n'a pas varié, c'est-à-dire si $a' = a$, cette égalité se réduit à

$$1 = \frac{b}{b'} \times \frac{c}{c'};$$

es deux rapports $\frac{b}{b'}$, $\frac{c}{c'}$ sont donc inverses l'un de l'autre ; par conséquent, les grandeurs B et C sont inversement proportionnelles.

Problème 19. *Quatre personnes se sont associées pour l'exploitation d'un brevet. La première, qui est propriétaire du brevet, en a cédé la jouissance pour cinq ans à la condition d'avoir 30 pour 100 dans les bénéfices. La seconde a géré l'entreprise à la condition d'être considérée comme ayant mis 10000 fr. dans l'association. La troisième a mis 12000 fr.; elle a de plus fourni le local nécessaire à l'exploitation, moyennant une part de 4 pour 100 dans les bénéfices. Enfin, la quatrième a donné 5000 fr. au commencement de chaque année. Que revient-il à chaque associé, le capital net étant de 109620 fr. au bout des cinq années?*

Le bénéfice est égal au capital net diminué de la somme des mises, c'est-à-dire

$$109620 \text{ fr.} - (10000 + 12000 + 5000 \times 5) \text{ ou } 62620 \text{ fr.}$$

Le propriétaire du brevet prélève d'abord 30 pour 100 ou les $\dfrac{3}{10}$ de 62620 fr., ce qui fait 18786 fr. Le troisième associé prélève, pour le local, 4 pour 100 ou les $\dfrac{4}{100}$ de 62620 fr., ce qui fait 2504^{fr},80. Il reste, par conséquent,

$$62620^{\text{fr}} - (18786^{\text{fr}} + 2504^{\text{fr}},80) \text{ ou } 41329^{\text{fr}},20$$

à partager entre les associés, proportionnellement à leurs mises.
La mise du premier est nulle; la mise du second est de 10000 fr., d'après les conventions; celle du troisième est de 12000 fr.; celle du quatrième est de 5000 fr. pour les cinq ans, plus 5000 fr. pour 4 ans, plus 5000 fr. pour 3 ans, plus 5000 fr. pour 2 ans, plus 5000 fr. pour 1 an, ce qui revient à une mise de

$$5000 \times (5 + 4 + 3 + 2 + 1) \text{ ou } 5000 \times 15$$

pour un an, laquelle équivaut à une mise 5 fois moindre, ou de 15000 fr. pour 5 ans. Il faut donc partager 41329^{fr},20 en trois parties proportionnelles aux nombres 10000, 12000 et 15000, ce qui donne

$$\frac{41329,20 \times 10}{37} \quad \text{ou} \quad 11170^{\text{fr}},05,$$

$$\frac{41329,20 \times 12}{37} \quad \text{ou} \quad 13404^{\text{fr}},06;$$

$$\frac{41329,20 \times 15}{37} \quad \text{ou} \quad 16755^{\text{fr}},08.$$

En réunissant les différents résultats, on trouve :

Pour le premier associé .... 18786^{fr}, »
Pour le second.................. $21170^{\text{fr}},05$
Pour le troisième................ $27908^{\text{fr}},86$
Pour le quatrième............... $41755^{\text{fr}},08$

                                $109619^{\text{fr}},99$

Problème 20. *D'après la troisième loi de Kepler, les carrés des temps des révolutions sidérales des planètes sont proportionnels aux cubes de leurs distances moyennes au soleil. La terre faisant sa révolution sidérale en* $365^{\text{jours}},25$ *et sa distance au soleil étant prise pour unité, on demande quelle est la distance moyenne au soleil d'une planète qui fait sa révolution sidérale en 1686 jours.* (On fera le calcul par logarithmes.)

En désignant par x la distance cherchée, on aura, d'après l'énoncé,

$$\frac{x^3}{1^3} = \frac{(1686)^2}{(365,25)^2} = \left(\frac{1686}{365,25}\right)^2;$$

d'où

$$x = \sqrt[3]{\left(\frac{1686}{365,25}\right)^2} = 2,772.$$

PROBLÈMES

D'ALGÈBRE.

Problème 1. *On a deux points A et B distants de 225 kilomètres. Au point A, on vend le charbon au prix de 3ᶠʳ,75 les 100 kilog., et au point B, 4ᶠʳ,75. Ces deux points sont reliés par un chemin de fer sur lequel le transport du charbon se paye à raison de 0ᶠʳ,80 les 100 kilog. pour 100 kilomètres. On demande sur la ligne AB le point où le charbon coûtera également cher.*

$$\text{A} \underline{\hspace{5cm}} \overset{\text{C}}{|} \underline{\hspace{5cm}} \text{B}$$

Soit C le point où le charbon coûte également cher, et désignons la distance AC par x; la distance BC sera égale à $225 - x$. Au point C, 100 kilog. de charbon coûteront :

S'ils sont transportés de A, $\quad 3^{\text{fr}},75 + \dfrac{0^{\text{fr}},80 \times x}{100}$;

S'ils sont transportés de B, $\quad 4^{\text{fr}},75 + \dfrac{0^{\text{fr}},80 \times (225 - x)}{100}$.

On a donc l'équation

$$3,75 + \frac{0,80\,x}{100} = 4,75 + \frac{0,80 \times (225 - x)}{100}.$$

On en déduit successivement :

$$375 + 0,80\,x = 475 + 0,80 \times 225 - 0,80\,x,$$

$$1,6\,x = 100 + 180 = 280;$$

$$x = \frac{280}{1,6} = 175 \text{ kilomètres.}$$

Le point cherché est donc à 175 kilomètres du point **A**.

Problème 2. *Une personne qui a 120000 fr. emploie une partie de cette somme à faire l'acquisition d'une maison. Elle place un tiers du reste à 4 pour 100, et les deux autres tiers à 5 pour 100; de cette manière, le revenu de son capital est de 3920 fr. On demande le prix de la maison et les deux sommes placées à 4 et à 5 pour 100.*

Soit x le prix de la maison. Sur 120000 fr. il reste $120000 - x$; le tiers de ce reste étant placé à 4 pour 100, on obtient un intérêt de $\dfrac{(120000 - x) \times 4}{3 \times 100}$, et les deux tiers étant placés à 5 pour 100, on en retire $\dfrac{2(120000 - x) \times 5}{3 \times 100}$. On doit donc avoir :

$$\frac{(120000 - x)\,4}{3 \times 100} + \frac{2(120000 - x)\,5}{3 \times 100} = 3920.$$

On en déduit :

$$(120000 - x)\,4 + (120000 - x)\,10 = 3920 \times 3 \times 100,$$

$$(120000 - x)\,14 = 3920 \times 3 \times 100,$$

$$120000 - x = \frac{3920 \times 3 \times 100}{14},$$

$$x = 120000 - \frac{3920 \times 3 \times 100}{14} = 36000 \text{ fr.}$$

Le prix de la maison étant de 36000 fr., il reste

$$120000 - 36000 \quad \text{ou} \quad 84000 \text{ fr.}$$

La somme placée à 4 pour 100 est le tiers de 84000 fr. ou 28000 fr., et la somme placée à 5 pour 100 en est les deux tiers ou 56000 fr.

Problème 3. *On a un mélange de sulfate de potasse et de sulfate de soude dont le poids total est de $1^{gr},748$. Après avoir dissous ce mélange dans l'eau, on précipite l'acide sulfurique par le moyen de l'azotate de baryte, et l'on a $2^{gr},582$ de sulfate de baryte. En déduire la quantité totale d'acide sulfurique contenu dans les deux sulfates, et, par suite, la proportion de chacun d'eux dans le mélange. On sait que la quantité d'acide sulfurique contenu dans le sulfate de potasse est les $\frac{45}{98}$ de son poids, dans le sulfate de soude les $\frac{25}{44}$, et dans le sulfate de baryte les $\frac{14}{41}$.*

Le sulfate de baryte obtenu pèse $2^{gr},582$ et l'on sait qu'il contient $\frac{14}{41}$ d'acide sulfurique; donc la quantité d'acide sulfurique provenant du sulfate de potasse et du sulfate de soude est égale à $\frac{2,582 \times 14}{41}$ ou $0^{gr},882$.

Soit maintenant x le poids inconnu du sulfate de potasse; $1^{gr},748 - x$ sera le poids du sulfate de soude. La quantité d'acide sulfurique contenu dans le premier sera exprimée par $\frac{45x}{98}$, et celle que contient le second le sera par $\frac{(1,748 - x)25}{44}$. Il en résulte l'équation

$$\frac{45x}{98} + \frac{(1,748 - x)25}{44} = \frac{2,582 \times 14}{41}.$$

Chassant les dénominateurs, transposant et simplifiant, on obtient :

$$x = \frac{9858,212}{9635} = 1^{\text{gr}},023.$$

La quantité de sulfate de potasse est de $1^{\text{gr}},023$, et, par suite, celle de sulfate de soude est de $0^{\text{gr}},725$.

Problème 4. *On a cinq sortes de cafés valant respectivement* $2^{\text{fr}},50$, $2^{\text{fr}},35$, $2^{\text{fr}},10$, $1^{\text{fr}},90$, $1^{\text{fr}},85$ *le kilog., et l'on veut en faire un mélange de 110 kilogrammes qui contienne 10 kilog. de la première espèce, deux fois plus de la seconde que de la troisième, trois fois plus de la cinquième que de la quatrième, et qui revienne à* $2^{\text{fr}},05$ *le kilog. Combien faut-il en prendre de chaque sorte?*

Soient x, y, z et u ce qu'il faut prendre de chacune des quatre dernières sortes; les conditions de l'énoncé donnent :

$$10 + x + y + z + u = 110$$

ou
$$x + y + z + u = 100 \qquad (1)$$

$$x = 2y \qquad (2)$$

$$u = 3z \qquad (3)$$

$$2,50 \times 10 + 2,35x + 2,10y + 1,90z + 1,85u$$
$$= 2,05\,(10 + x + y + z + u),$$

ou
$$0,30x + 0,05y - 0,15z - 0,20u = -4,5,$$

ou enfin,
$$6x + y - 3z - 4u = -90. \qquad (4)$$

Les valeurs de x et de u données par les équations (2) et (3) étant substituées dans les équations (1) et (4), celles-ci deviennent

$$3y + 4z = 100, \qquad (5)$$

$$13y - 15\,z = -90 \qquad (6)$$

L'équation (5) donne $y = \dfrac{100 - 4x}{3}$, et cette valeur étant mise dans l'équation (6), il vient

$$\frac{1300 - 52x}{3} - 15x = -90$$

On déduit de cette dernière

$$1300 - 52x - 45x = -270,$$

$$97x = 1570, \quad x = \frac{1570}{97} = 16^{kg}, 186.$$

On trouve ensuite par substitution, $y = 11^{kg},753$, $x = 23^{kg},505$ et $u = 48^{kg},557$.

Problème 5. *Un homme chargé de transporter des vases de porcelaine de trois grandeurs est convenu de payer pour chaque vase qu'il cassera autant qu'il recevra pour chaque vase rendu en bon état. On sait de plus qu'en lui confiant 3 grands vases, 5 moyens et 9 petits, il recevra 10 fr. s'il casse les grands ou les petits, et seulement 8 fr. s'il casse les moyens. Trouver, d'après cela, combien il doit toucher pour le transport d'un vase de chaque grandeur resté en bon état.*

Désignons par x, y, z ce qu'on paye pour le transport d'un vase de la première, de la seconde et de la troisième grandeur.

Si le porteur casse les 3 vases de la première grandeur, il payera $3x$ et recevra $5y + 9z$; donc

$$5y + 9z - 3x = 10. \tag{1}$$

Si le porteur casse les 5 vases de la seconde grandeur, il payera $5y$ et recevra $3x + 9z$; donc

$$3x + 9z - 5y = 8. \tag{2}$$

Si le porteur casse les 9 vases de la troisième grandeur, il payera $9z$ et recevra $3x + 5y$; donc

$$3x + 5y - 9z = 10. \qquad (3)$$

Telles sont les trois équations du problème.

Comme chacune des inconnues est constamment affectée du même coefficient, on peut faire l'élimination par réduction.

L'addition membre à membre des équations (1) et (2) donne $18z = 18$, d'où $z = 1$.

L'addition membre à membre des équations (1) et (3) donne $10y = 20$, d'où $y = 2$.

L'addition membre à membre des équations (2) et (3) donne $6x = 18$, d'où $x = 3$.

* * *

Problème 6. *On a trois lingots dans chacun desquels il entre de l'or, de l'argent et du cuivre; l'alliage dans le premier est tel que sur 16 grammes il y en a 7 d'or, 8 d'argent et 1 de cuivre; dans le second, sur 16 grammes il y en a 2 d'or, 9 d'argent et 5 de cuivre; dans le troisième, sur 16 grammes, il y en a 5 d'or, 7 d'argent et 4 de cuivre. On veut, en prenant différentes parties de ces trois alliages, composer un quatrième lingot tel que sur 16 grammes il s'en trouve 4 et $\frac{15}{16}$ d'or, 7 et $\frac{5}{8}$ d'argent, 3 et $\frac{7}{16}$ de cuivre. Quelles sont les quantités qu'il faut prendre de ces trois lingots?*

Soient x ce qu'il faut prendre du premier lingot, y ce qu'il faut prendre du second, z ce qu'il faut prendre du troisième, pour faire 16 grammes du nouveau lingot.

Chaque gramme du premier lingot contient :

$$\frac{7}{16} \text{ gr. d'or,} \quad \frac{8}{16} \text{ gr. d'argent, et} \quad \frac{1}{16} \text{ gr. de cuivre;}$$

chaque gramme du second lingot contient :

$$\frac{2}{16} \text{ gr. d'or,} \quad \frac{9}{16} \text{ gr. d'argent, et} \quad \frac{5}{16} \text{ gr. de cuivre;}$$

chaque gramme du troisième lingot contient :

$$\frac{5}{16}\text{ gr. d'or, } \frac{7}{16}\text{ gr. d'argent, et }\frac{4}{16}\text{ gr. de cuivre.}$$

Par conséquent, x grammes du premier lingot contiennent :

$$\frac{7x}{16}\text{ gr. d'or, } \frac{8x}{16}\text{ gr. d'argent, et }\frac{x}{16}\text{ gr. de cuivre;}$$

y grammes du second lingot contiennent :

$$\frac{2y}{16}\text{ gr. d'or, } \frac{9y}{16}\text{ gr. d'argent, et }\frac{5y}{16}\text{ gr. de cuivre;}$$

et z grammes du troisième lingot contiennent :

$$\frac{5z}{16}\text{ gr. d'or, } \frac{7z}{16}\text{ gr. d'argent, et }\frac{4z}{16}\text{ gr. de cuivre.}$$

On doit donc avoir :

$$\frac{7x}{16} + \frac{2y}{16} + \frac{5z}{16} = 4\frac{13}{16},$$

$$\frac{8x}{16} + \frac{9y}{16} + \frac{7z}{16} = 7\frac{5}{8},$$

$$\frac{x}{16} + \frac{5y}{16} + \frac{4z}{16} = 3\frac{7}{16};$$

ou, en multipliant par 16,

$$7x + 2y + 5z = 79, \qquad (1)$$

$$8x + 9y + 7z = 122, \qquad (2)$$

$$x + 5y + 4z = 55. \qquad (3)$$

Tirant la valeur de x de l'équation (3) et substituant dans les deux autres, on obtient

$$33y + 23z = 306, \qquad (4)$$

$$31y + 25z = 318. \qquad (5)$$

Tirant la valeur de y de l'équation (4) et la substituant dans l'équation (5), on a

$$112z = 1008, \text{ d'où } z = \frac{1008}{112} = 9.$$

Au moyen de cette valeur, on trouve ensuite $y = 3$, puis $x = 4$.

Problème 7. *Pour arroser une prairie de 42 ares, on a employé l'eau qui remplissait un bassin de 35 hectolitres plus celle qui a été fournie par 12 robinets qui sont restés ouverts pendant $7\frac{1}{2}$ heures ; pour arroser une autre prairie de 32 ares, on a employé l'eau qui remplissait un bassin de 45 hectolitres plus celle qui a été fournie par 8 robinets qui sont restés ouverts pendant $5\frac{3}{4}$ heures. Quelle serait l'étendue d'une prairie qu'on pourrait arroser en employant l'eau qui remplit un bassin de 60 hectolitres plus celle qui serait fournie par 9 robinets qui resteraient ouverts pendant $9\frac{1}{3}$ heures? On suppose que chacun des robinets donne la même quantité d'eau dans le même temps, et que l'arrosement distribue dans les trois cas la même quantité d'eau sur la même étendue de prairie.*

Désignons par x le nombre de litres d'eau que chaque robinet verse en une heure. La quantité d'eau employée pour chaque prairie sera,

pour la première, $3500 + x \times 12 \times 7\frac{1}{2}$ ou $3500 + 90x,$

pour la seconde, $4500 + x \times 8 \times 5\frac{3}{4}$ ou $4500 + 46x$,

pour la troisième, $6000 + x \times 9 \times 9\frac{1}{3}$ ou $6000 + 84x$.

La quantité d'eau reçue pour chaque are sera donc,

pour la première prairie, $\dfrac{3500 + 90x}{42}$ ou $\dfrac{1750 + 45x}{21}$,

pour la seconde prairie, $\dfrac{4500 + 46x}{32}$ ou $\dfrac{2250 + 23x}{16}$,

pour la troisième prairie, $\dfrac{6000 + 84x}{y}$, y désignant l'étendue de cette prairie.

On a, par conséquent, les deux équations :

$$\frac{1750 + 45x}{21} = \frac{2250 + 23x}{16},$$

$$\frac{1750 + 45x}{21} = \frac{6000 + 84x}{y}.$$

On déduit de la première

$$28000 + 720x = 47250 + 483x,$$

d'où $\qquad\qquad 237x = 19250$ et $x = \dfrac{19250}{237}$.

La seconde équation donne ensuite

$$\left(1750 + \frac{45 \times 19250}{237}\right) y = 21 \left(6000 + \frac{84 \times 19250}{237}\right),$$

ou $(1750 \times 237 + 45 \times 19250) \, y = 21 \, (6000 \times 237 + 84 \times 19250),$

d'où $\qquad y = \dfrac{21 \, (6000 \times 237 + 84 \times 19250)}{1750 \times 237 + 45 \times 19250} = 49{,}82.$

L'étendue de la troisième prairie serait donc de $49^{\text{ares}}{,}82.$

Problème 8. *Deux vases contiennent l'un a litres de vin et b litres d'eau, l'autre a' litres de vin et b' litres d'eau. On veut retirer de chacun de ces vases une même quantité de liquide, de manière qu'en versant ensuite dans l'un ce qu'on aura retiré de l'autre, le rapport entre la quantité de vin et la quantité d'eau soit le même pour chaque vase. Quelle est cette quantité de liquide ?*

Soit x cette quantité de liquide. Le premier vase contient a litres de vin et b litres d'eau, ce qui fait un mélange de $a + b$ litres ; par conséquent, chaque litre du mélange contient $\dfrac{a}{a+b}$ de litre de vin et $\dfrac{b}{a+b}$ de litre d'eau ; les x litres qu'on en retire contiendront donc $\dfrac{ax}{a+b}$ litres de vin et $\dfrac{bx}{a+b}$ litres d'eau. On trouve de même que les x litres qu'on retire du second vase contiennent $\dfrac{a'x}{a'+b'}$ litres de vin et $\dfrac{b'x}{a'+b'}$ litres d'eau.

En versant dans chaque vase ce qu'on retire de l'autre, on aura dans le premier vase :

$$a - \frac{ax}{a+b} + \frac{a'x}{a'+b'} \text{ litres de vin},$$

et

$$b - \frac{bx}{a+b} + \frac{b'x}{a'+b'} \text{ litres d'eau} ;$$

et dans le second vase,

$$a' - \frac{a'x}{a'+b'} + \frac{ax}{a+b} \text{ litres de vin},$$

et
$$b' - \frac{b'x}{a' + b'} + \frac{bx}{a + b} \text{ litres d'eau}.$$

L'équation du problème sera donc

$$\frac{a - \dfrac{ax}{a + b} + \dfrac{a'x}{a' + b'}}{b - \dfrac{bx}{a + b} + \dfrac{b'x}{a' + b'}} = \frac{a' - \dfrac{a'x}{a' + b'} + \dfrac{ax}{a + b}}{b' - \dfrac{b'x}{a' + b'} + \dfrac{bx}{a + b}}.$$

En chassant les dénominateurs, transposant et réduisant, on rouvera

$$x = \frac{(a + b)\,(a' + b')}{a + b + a' + b'}.$$

Problème 10. *Deux marchands vendent chacun un nombre de mètres d'étoffe à des prix différents. Le second en vend 3^m,5 de plus que le premier et ils en retirent ensemble 140^{fr},33. Si le premier avait vendu son étoffe au prix de celle du second, il en aurait retiré 71^{fr},10, et si le second avait vendu la sienne au prix de celle du premier, il en aurait retiré 65^{fr},94. Combien de mètres ont-ils vendu chacun?*

Soit x le nombre de mètres vendu par le premier marchand. Le nombre de mètres vendu par le second sera $x + 3,5$. Puisque les x mètres d'étoffe du premier marchand produiraient 71^{fr},10 s'il les vendait au prix de celle du second, c'est que ce prix est égal à $\dfrac{71,10}{x}$; de même, puisque les $x + 3,5$ mètres d'étoffe du second marchand produiraient 65^{fr},94 s'il les vendait au prix de celle du premier, c'est que ce prix est égal à $\dfrac{65,94}{x+3,5}$. Par conséquent le premier marchand a retiré de son étoffe

$x \times \dfrac{65,94}{x + 3,5}$, et le second a retiré de la sienne $(x+3,5) \times \dfrac{71,10}{x}$;
on a donc l'équation

$$\frac{65,94\,x}{x+3,5} + \frac{71,10\,(x + 3,5)}{x} = 140,33.$$

En chassant les dénominateurs, transposant et simplifiant, on la réduit à

$$329x^2 - 654,5x - 87097,5 = 0,$$

et l'on en tire $x = 17,3$. Le premier marchand a donc vendu $17^m,3$, et le second $17^m,3 + 3^m,5$ ou $20^m,8$.

Problème 11 . *Deux personnes se sont réunies pour une entreprise ; la première a fourni une somme a qui est restée dans la société pendant le temps* t ; *la somme fournie par la seconde y est restée pendant le temps* t'. *Cette somme que l'on ne connaît pas fait, avec le gain qui lui revient, une somme* b, *et le gain total est* c. *On demande la mise du second associé.*

Soit x la mise du second associé. Son gain est exprimé par $b - x$, et le gain du premier, par $c - (b - x)$ ou $c - b + x$. Or, ces gains sont proportionnels aux produits at et xt'; on a, par conséquent,

$$\frac{b - x}{c - b + x} = \frac{t'x}{at}.$$

Il en résulte $abt - atx = (c - b)t'x + t'x^2$,

ou $\qquad t'x^2 + [at + (c - b)\, t']\, x - abt = 0,$

équation qui donne

$$x = \frac{1}{2t'} \left[(b - c)t' - at \pm \sqrt{[(b - c)t' - at]^2 + 4abtt'}\,\right].$$

La seconde valeur de x étant négative ne convient pas à la question.

Problème 12. *Deux voyageurs allant à la rencontre l'un de l'autre partent en même temps de deux villes distantes de 860 kilomètres. Le premier fait 12 kilomètres le premier jour, et pendant les jours suivants 8 kilomètres de plus que le jour précédent; le second fait 20 kilomètres le premier jour et pendant les jours suivants 4 kilomètres de plus que le jour précédent. Dans combien de jours se rencontreront-ils, et quel chemin auront-ils parcouru?*

Soit x le nombre de jours cherché. Le premier voyageur faisant 12 kilomètres le premier jour, et dans chacun des jours suivants 8 kilomètres de plus que le jour précédent, fera $12 + (x-1)8$ kilomètres le dernier jour; il aura donc fait en tout

$$\frac{(12 + 12 + 8x - 8)x}{2} \text{ ou } 4x^2 + 8x \text{ kilom.}$$

On trouve de la même manière que le second voyageur fait pendant x jours $2x^2 + 18x$ kilom.

On a, par conséquent,

$$4x^2 + 8x + 2x^2 + 18x = 860,$$

ou en simplifiant, $6x^2 + 26x - 860 = 0$.

Il en résulte $x = \dfrac{-13 \pm \sqrt{169 + 5160}}{6} = \dfrac{-13 \pm 73}{6}.$

La question ne comportant qu'une solution positive, on a simplement

$$x = \frac{-13 + 73}{6} = 10.$$

C'est donc après 10 jours qu'aura lieu la rencontre.

On trouve ensuite, au moyen des expressions $4x^2 + 8x$, $2x^2 + 18x$, que le premier voyageur fera 480 kilomètres, et le second 380 kilomètres,

Problème 13. *Deux capitaux valent ensemble 4000 fr.; l'un augmenté de ses intérêts pendant 3 mois est égal à 1500 fr.; l'autre augmenté de ses intérêts pendant 6 mois est égal à 2600 fr., et ils sont placés au même taux. Déterminer ce taux.*

Désignons par x le centième du taux, c'est-à-dire ce que rapporte 1 fr. en un an. Au bout de 3 mois 1 fr. vaut $1 + \frac{1}{4}x$, et au bout de 6 mois il vaut $1 + \frac{1}{2}x$; il en résulte que les deux capitaux sont égaux respectivement à

$$\frac{1500}{1 + \frac{1}{4}x} \quad \text{ou} \quad \frac{6000}{4+x}, \quad \text{et} \quad \frac{2600}{1 + \frac{1}{2}x} \quad \text{ou} \quad \frac{5200}{2+x};$$

on a donc l'équation

$$\frac{6000}{4 + x} + \frac{5200}{2 + x} = 4000,$$

ou simplement

$$\frac{15}{4 + x} + \frac{13}{2 + x} = 10.$$

En chassant les dénominateurs, transposant et réduisant, on obtient

$$5x^2 + 16\,x - 1 = 0.$$

Il en résulte $\quad x = \frac{1}{5}\left(-8 \pm \sqrt{64 + 5}\right).$

La racine négative ne convenant pas la question, on a seulement

$$x = \frac{1}{5}\left(-8 + \sqrt{69}\right) = 0{,}0613.$$

Le taux cherché, ou $100x$, est donc $6^{\text{fr}}{,}13$.

Problème 14. *Un vase contenant de l'eau est muni de deux siphons* A *et* B *par lesquels l'eau peut s'écouler d'un mouvement uniforme. Le siphon* A *étant amorcé, on laisse l'eau s'écouler pendant les* $\frac{3}{5}$ *du temps que le siphon* B *emploierait pour vider seul le vase; on arrête ensuite le siphon* A, *et l'on amorce le siphon* B *qui achève de vider le vase. Si l'eau s'était écoulée par les deux siphons à la fois, le vase aurait été vidé* 6 *heures plus tôt, et l'eau qui se serait écoulée par le siphon* A *n'aurait été que les* $\frac{2}{3}$ *de celle qui s'est écoulée par le siphon* B. *Calculer, d'après cela, le temps que mettrait chaque siphon pour vider le vase.*

Soient x et y les temps cherchés exprimés en heures, et représentons par 1 la quantité d'eau contenue dans le vase. Le siphon A fonctionnant d'abord pendant les $\frac{3}{5}$ du temps y, la quantité d'eau z qui s'écoule est donnée par la proportion

$$x : \frac{3}{5}y = 1 : z, \quad \text{d'où} \quad z = \frac{3y}{5x}.$$

La quantité d'eau qui reste dans le vase est donc égale à

$$1 - \frac{3y}{5x} \quad \text{ou} \quad \frac{5x - 3y}{5x};$$

et le temps t que met le siphon B pour extraire cette eau est donné par la proportion

$$y : t = 1 : \frac{5x - 3y}{5x}, \quad \text{d'où} \quad t = \frac{(5x - 3y)y}{5x}.$$

Le temps employé pour vider le vase est donc exprimé par $\frac{3}{5}y + \frac{(5x - 3y)y}{5x}$. Or, si les siphons étaient amorcés en même temps, il s'écoulerait en 1 heure une quantité de liquide exprimée par $\frac{1}{x} + \frac{1}{y}$ ou $\frac{x + y}{xy}$, et, par conséquent, le vase serait vidé dans un temps exprimé par $\dfrac{xy}{x+y}$; on a donc, d'après l'énoncé,

$$\frac{xy}{x+y} = \frac{3}{5}y + \frac{(5x-3y)y}{5x} - 6. \tag{1}$$

Dans le temps $\dfrac{xy}{x+y}$ le siphon A ferait écouler une quantité de liquide exprimée par $\dfrac{1}{x}\cdot\dfrac{xy}{x+y}$ ou $\dfrac{y}{x+y}$; nous avons trouvé que le siphon B en a fait écouler une quantité exprimée par $\dfrac{5x-3y}{5x}$; on a donc, d'après l'énoncé,

$$\frac{y}{x+y} = \frac{2}{3}\left(\frac{5x-3y}{5x}\right). \tag{2}$$

Chassons les dénominateurs, transposons et simplifions; les deux équations deviennent

$$(3y-30)x^2 + (5y^2-30y)x - 3y^3 = 0, \tag{3}$$

$$10x^2 - 11xy - 6y^2 = 0. \tag{4}$$

On tire de la dernière

$$x = \frac{11y \pm \sqrt{121y^2 + 240y^2}}{20} = \frac{11y \pm 19y}{20},$$

ou simplement, $x = \dfrac{3y}{2}$, en rejetant la valeur négative qui ne convient pas à la question. Cette valeur de x étant substituée dans l'équation (3), on trouve, toutes réductions faites,

$$y^2(y-10) = 0;$$

comme y n'est pas nul, il faut que $y - 10 = 0$, ou que $y = 10$; et comme $x = \dfrac{3y}{2}$, il en résulte $x = 15$.

Problème 15. *Trouver quatre nombres en progression arithmétique, connaissant le produit p des moyens et le produit p′ des extrêmes.*

Soit x le premier moyen ; le second sera $\dfrac{p}{x}$; la différence $\dfrac{p}{x} - x$ sera la raison de la progression ; par conséquent,

$$x - \left(\frac{p}{x} - x\right), \quad \text{ou} \quad 2x - \frac{p}{x}$$

sera le premier terme, et

$$\frac{p}{x} + \left(\frac{p}{x} - x\right) \quad \text{ou} \quad \frac{2p}{x} - x$$

sera le dernier. On aura donc

$$\left(2x - \frac{p}{x}\right)\left(\frac{2p}{x} - x\right) = p',$$

équation qui devient, tous calculs faits,

$$2x^4 - (5p - p')x^2 + 2p^2 = 0.$$

en résulte

$$x = \pm \sqrt{\frac{5p - p' \pm \sqrt{(5p - p')^2 - 16\,p^2}}{4}}.$$

On peut encore séparer les deux radicaux, ce qui donne

$$x = \pm \frac{1}{2}\left(\sqrt{\frac{1}{2}(9p - p')} \pm \sqrt{\frac{1}{2}(p - p')}\right).$$

On a ensuite

$$\frac{p}{x} = \frac{p}{\pm \frac{1}{2}\left(\sqrt{\frac{1}{2}(9p - p')} \pm \sqrt{\frac{1}{2}(p - p')}\right)},$$

ou, en chassant les radicaux du dénominateur,

$$\frac{p}{x} = \pm \frac{1}{2}\left(\sqrt{\frac{1}{2}(9p - p')} \mp \sqrt{\frac{1}{2}(p - p')}\right).$$

Au moyen de ces valeurs, on trouve, pour les deux extrêmes,

$$\pm \frac{1}{2}\left(\sqrt{\frac{1}{2}(9p - p')} \pm 3\sqrt{\frac{1}{2}(p - p')}\right),$$

$$\pm \frac{1}{2}\left(\sqrt{\frac{1}{2}(9p - p')} \mp 3\sqrt{\frac{1}{2}(p - p')}\right).$$

Problème 16. *Une personne qui a emprunté* 10000 *fr. en paye les intérêts à la fin de chaque année, et place en même temps* 100 *fr. à intérêts composés au taux de* $4\frac{1}{2}$ *pour* 100. *Combien devra-t-elle effectuer de versements pour que ce fonds d'amortissement soit égal au capital emprunté?*

Soit x ce nombre de versements. Une annuité de 100 fr. payée à la fin de chaque année vaut au bout de x années, au taux de $4\frac{1}{2}$, $\dfrac{100\,[(1,045)^x - 1]}{0,045}$; posons donc l'équation

$$\frac{100\,[(1,045)^x - 1]}{0,045} = 10000,$$

ou, simplement,

$$\frac{(1,045)^x - 1}{0,045} = 100.$$

Il en résulte

$$(1,045)^x = 5,5,$$

et, par suite,

$$x = \frac{\log 5,5}{\log 1,045} = 38,72.$$

Il faudra donc 38 versements; mais le fonds d'amortissement ne sera pas égal au capital emprunté précisément à l'époque du

dernier versement ; ce n'est que dans le courant de l'année suivante que cette égalité aura lieu par l'addition des intérêts. On
trouve en effet qu'après le 38ᵉ versement, le fonds d'amortissement est égal à 9613ᶠʳ,82, somme qui, au bout d'un an, vaudrait
10046ᶠʳ,44.

Problème 17. *Une personne verse annuellement à la caisse
d'une banque spéciale une somme V pendant n années. Le banquier
s'engage à payer une annuité de A fr. pendant les 2n années
qui suivent les n premières. On demande quelle doit être cette annuité A pour que le marché soit équitable, lorsqu'on a égard aux
intérêts composés, le taux étant de 5 pour 100. On demande ensuite quel doit être le nombre n pour que l'annuité soit égale au
versement.*

Calculons d'abord la valeur des n versements, jusqu'à l'époque
où le dernier s'effectuera.

D'après une formule connue cette somme est égale à

$$\frac{V\,[(1,05)^n - 1]}{0,05}. \qquad (1)$$

A ce moment, les versements cessent, et celui qui les a faits
est dans la position d'un capitaliste qui prête à intérêts composés un certain capital qu'on doit lui rembourser au moyen de
$2n$ annuités. Le capital est ici $\dfrac{V\,[(1,05)^n - 1]}{0,05}$ qui vaudra par

conséquent, $\dfrac{V\,[(1,05)^n - 1]\,(1,05)^{2n}}{0,05}$ au bout de $2n$ années.

D'ailleurs en remplaçant V par A et n par $2n$ dans la formule (1),
on voit que les $2n$ annuités vaudront $\dfrac{A\,[(1,05)^{2n} - 1]}{0,05}$; par conséquent, pour que le marché soit équitable, il faut qu'on ait

$$\frac{A\,[(1,05)^{2n} - 1]}{0,05} = \frac{V\,[(1,05)^n - 1]\,(1,05)^{2n}}{0,05}.$$

On peut supprimer le dénominateur commun 0,05, et si l'on
remarque en outre que $(1,05)^{2n} - 1$ est égal à

$$[(1,05)^n - 1]\,[(1,05)^n + 1],$$

on voit qu'on peut écrire simplement

$$A \left[(1,05)^n + 1 \right] = V (1,05)^{2n}$$

d'où

$$A = \frac{V (1,05)^{2n}}{(1,05)^n + 1}.$$

Si l'on veut que A soit égal à V, il faudra que $(1,05)^{2n}$ soit égal à $(1,05)^n + 1$; on aura donc l'équation

$$(1,05)^{2n} - (1,05)^n - 1 = 0,$$

ou

$$y^2 - y - 1 = 0,$$

en représentant $(1,05)^n$ par y. On en tire

$$y \text{ ou } (1,05)^n = \frac{1 \pm \sqrt{1 + 4}}{2},$$

ou simplement, $(1,05)^n = \frac{1}{2}(1 + \sqrt{5})$, en ne prenant que la racine positive. Il en résulte

$$n \log. (1,05) = \log. \left[\frac{1}{2}(1 + \sqrt{5}) \right],$$

d'où

$$n = \frac{\log. \left[\frac{1}{2}(1 + \sqrt{5}) \right]}{\log (1,05)}.$$

On a $\sqrt{5} = 2,536$; $1 + \sqrt{5} = 3,536$; $\frac{1}{2}(1 + \sqrt{5}) = 1,768$;

$$\log. 1,768 = 0,24748; \quad \log. 1,05 = 0,02119;$$

donc $n = \frac{0,24748}{0,02119} = 11,6...$ Par conséquent, si $n = 12$, l'annuité ne différera pas beaucoup du versement.

PROBLÈMES

DE GÉOMÉTRIE.

PROBLÈMES DE GÉOMÉTRIE PLANE.

Problème 1. *Quel est le polygone dont le nombre des diagonales est* a ?

On sait que n désignant le nombre des côtés d'un polygone, ce polygone a un nombre de diagonales exprimé par $\dfrac{n\,(n-3)}{2}$; on a donc

$$\frac{n\,(n-3)}{2} = a \text{ ou } n^2 - 3n - 2a = 0 \,;$$

il en résulte pour x la seule valeur positive

$$x = \frac{1}{2}\left(3 + \sqrt{9 + 8a}\right).$$

Problème 2. *Le plus petit angle d'un polygone convexe est de 120° et les autres angles font avec le premier une progression arithmétique dont la raison est 5. Quel est le nombre des côtés du polygone ?*

Soit x le nombre des côtés du polygone. Le plus grand angle est égal à 120° $+ (x-1)5$ ou $115 + 5x$ degrés. La somme des angles est, par conséquent, égale à

$$\frac{1}{2}\,(120 + 115 + 5x)x \text{ ou } \frac{1}{2}\,(235x + 5x^2).$$

Or, cette somme est aussi exprimée par

$$(2x - 4) \text{ angles droits ou } (2x - 4)\, 90 \text{ degrés.}$$

On a donc

$$\frac{1}{2}(235x + 5x^2) = 180x - 360,$$

équation qui revient à

$$x^2 - 25x + 144 = 0.$$

Il en résulte

$$x = \frac{1}{2}\left(25 \pm \sqrt{25^2 - 4.144}\right)$$

$$= \frac{1}{2}(25 \pm 7)$$

$$x' = 16$$

$$x'' = 9.$$

Pour $x = 16$ le plus grand angle du polygone est égal à $120 + 15 \times 5$ ou 195 degrés; le polygone ne serait donc pas convexe. Pour $x = 9$, le plus grand angle est égal à $120 + 8 \times 5$ ou 160; par conséquent le polygone a 9 côtés.

***

Problème 3. *Deux angles au centre* A *et* A′ *interceptent des arcs de* 3ᵐ,15 *et* 0ᵐ,84 *dans des cercles dont les rayons ont* 7ᵐ,20 *et* 0ᵐ,60. *Quel est le rapport de ces angles ?*

L'angle A intercepte un arc de 3ᵐ,15 dans un cercle dont le rayon est de 7ᵐ,20; par conséquent, dans un cercle dont le rayon serait de 1ᵐ, il intercepterait un arc de $\dfrac{3^m,15}{7,20}$; on voit de même que dans un cercle dont le rayon serait de 1ᵐ, le second angle A′ intercepterait un arc égal à $\dfrac{0^m,84}{0,60}$. Le rapport de l'angle A à l'angle A′ est donc égal au quotient de $\dfrac{315}{720}$ par $\dfrac{84}{60}$, ou $\dfrac{5}{16}$.

Problème 4. *Exprimer les bissectrices des angles d'un triangle en fonction de ses trois côtés.*

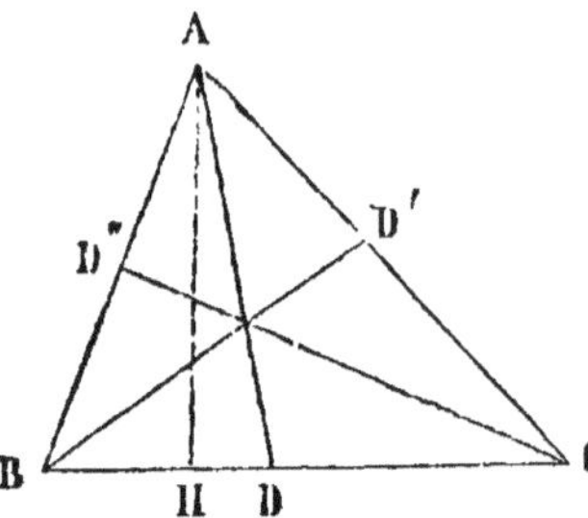

Soient AD la bissectrice de l'angle A et AH la hauteur du triangle. Nous savons que l'on a

$$\overline{AC}^2 = \overline{BC}^2 + \overline{AB}^2 - 2BC.BH$$

ou $\quad b^2 = a^2 + c^2 - 2a.BH,$

d'où $BH = \dfrac{a^2 + c^2 - b^2}{2a}.$

Nous savons aussi que AD divise BC ou a en deux segments BD, CD proportionnels aux côtés c et b ; par conséquent,

$$BD = \frac{ac}{b + c}.$$

Or, dans le triangle ABD, on a

$$\overline{AD}^2 = \overline{AB}^2 + \overline{BD}^2 - 2BD.BH ;$$

donc

$$\overline{AD}^2 = c^2 + \frac{a^2 c^2}{(b + c)^2} - \frac{2ac\,(a^2 + c^2 - b^2)}{(b+c)\,2a}$$

ou

$$\overline{AD}^2 = \frac{c^2\,(b + c)^2 + a^2 c^2 - c\,(b + c)\,(a^2 + c^2 - b^2)}{(b + c)^2},$$

Effectuant les calculs et réduisant, il vient

$$\overline{AD}^2 = \frac{4bcp\,(p - a)}{(b + c)^2},$$

p étant égal à $\qquad \dfrac{1}{2}\,(a + b + c).$

Donc

$$AD = \frac{2}{b + c}\sqrt{p\,(p - a)\,bc}.$$

On trouve de même

$$BD' = \frac{2}{a+c}\sqrt{p(p-b)\,ac} \quad \text{et} \quad CD'' = \frac{2}{a+b}\sqrt{p(p-c)\,ab}.$$

Problème 5. *Étant donné le côté* a *d'un polygone régulier inscrit dans un cercle de rayon* R, *calculer le côté d'un polygone régulier circonscrit au même cercle et ayant deux fois plus de côtés que le premier.*

On sait que le côté a' du polygone régulier inscrit au même cercle et ayant deux fois plus de côtés que le premier est exprimé par

$$\sqrt{R\left(2R - \sqrt{4R^2 - a^2}\right)}$$

et que son apothème est égal à $\frac{1}{2}\sqrt{4R^2 - a'^2}$, ou, en remplaçant a' par sa valeur,

$$\frac{1}{2}\sqrt{4R^2 - R\left(2R - \sqrt{4R^2 - a^2}\right)}$$

expression qui se réduit à

$$\frac{1}{2}\sqrt{R\left(2R + \sqrt{4R^2 - a^2}\right)}.$$

Le côté a' et le côté x cherché sont proportionnels à leurs apothèmes, ce qui donne

$$\frac{x}{\sqrt{R(2R - \sqrt{4R^2 - a^2})}} = \frac{R}{\frac{1}{2}\sqrt{R\left(2R + \sqrt{4R^2 - a^2}\right)}};$$

on a, par conséquent,

$$x = \frac{2R \sqrt{R\left(2R - \sqrt{4R^2 - a^2}\right)}}{\sqrt{R\left(2R + \sqrt{4R^2 - a^2}\right)}},$$

$$= 2R \sqrt{\frac{R\left(2R - \sqrt{4R^2 - a^2}\right)}{R\left(2R + \sqrt{4R^2 - a^2}\right)}},$$

$$= \frac{2R}{a}\left(2R - \sqrt{4R^2 - a^2}\right).$$

Problème 6. *Sur un terrain plat on veut établir, pour un troupeau de moutons, un parc rectangulaire qui ait 6400^{mq} de superficie, et dont le périmètre soit de 400^m, longueur totale d'une clôture mobile dont on peut disposer. On demande quelle longueur doivent avoir les côtés du rectangle.*

Soient x et y deux côtés adjacents de ce rectangle. On doit avoir

$$x + y = \frac{1}{2} \cdot 400 = 200,$$

$$xy = 6400.$$

Il en résulte que x et y sont les racines de l'équation

$$X^2 - 200X + 6400 = 0.$$

On tire de là

$$X = 100 \pm \sqrt{10000 - 6400} = 100 \pm \sqrt{3600},$$

$$X = 100 \pm 60.$$

On a donc $x = 160$ et $y = 40$.

Problème 7. *Déterminer les trois côtés d'un triangle, sachant que ces côtés sont entre eux comme les nombres 4, 3 et 2, et que la surface du triangle est de 1 mètre carré.*

Cherchons la surface du triangle dont les trois côtés sont 2^m, 3^m et 4^m. On a, en général,

$$s = \sqrt{p\,(p-a)\,(p-b)\,(p-c)},$$

et, dans le cas actuel,

$$s = \sqrt{4,5 \times 0,5 \times 1,5 \times 2,5} = \frac{1}{4}\sqrt{9 \times 5 \times 3} = \frac{3}{4}\sqrt{15}.$$

Le triangle dont la surface est de 1^{mq} est semblable à celui dont les côtés sont 2^m, 3^m et 4^m; par conséquent, en désignant par x le plus grand des côtés du premier, on aura

$$\frac{x^2}{16} = \frac{1}{\frac{3}{4}\sqrt{15}};$$

il en résulte

$$x^2 = \frac{64}{3\sqrt{15}}, \quad \text{et} \quad x = \sqrt{\frac{8}{3\sqrt{15}}} = \sqrt{\frac{8}{\sqrt{135}}}.$$

On aura ensuite pour les deux autres côtés y et z,

$$y = \frac{3}{4}x \quad \text{et} \quad z = \frac{1}{2}x.$$

On trouvera

$$x = 2^m,3524, \quad y = 1^m,7643 \quad \text{et} \quad z = 1^m,1762.$$

Problème 8. *La hauteur H d'un trapèze est connue, et l'on sait que sa surface est égale à celle du rectangle qui serait construit sur ses deux bases parallèles. De plus, le double de la plus petite base ajouté au triple de la plus grande égale m fois la hauteur du* *trapèze. Calculer les valeurs des deux bases. On appliquera les formules aux cas particuliers de* m = 6 *et de* m = 4.

Désignons les deux bases par B et b, et la hauteur par H. Les conditions de l'énoncé sont exprimées par les équations

$$\frac{1}{2}(B + b)H = Bb, \quad 3B + 2b = mH.$$

On tire de la seconde, $b = \dfrac{mH - 3B}{2}$, et en substituant dans la première, on obtient

$$\frac{1}{2}\left(B + \frac{mH - 3B}{2}\right)H = \frac{1}{2}B(mH - 3B).$$

On en déduit successivement

$$(mH - B)H = 2B(mH - 3B),$$

$$mH^2 - BH = 2mBH - 6B^2,$$

$$6B^2 - (H + 2mH)B + mH^2 = 0,$$

$$B = \frac{H + 2mH \pm \sqrt{H^2 + 4mH^2 + 4m^2H^2 - 24mH^2}}{12},$$

$$B = \frac{1}{12}H(1 + 2m \pm \sqrt{4m^2 - 20m + 1}).$$

En substituant dans l'expression de b, on trouve

$$b = \frac{1}{8}H(2m - 1 \mp \sqrt{4m^2 - 20m + 1}).$$

Pour $m = 6$, on trouve $B = \dfrac{3}{2}H$, et $b = \dfrac{3}{4}H$, avec une seconde solution $B = \dfrac{2}{3}H$ et $b = 2H$ qui doit être rejetée parce que b serait plus grand que B. Pour $m = 4$, les valeurs de B et b sont imaginaires, et, par conséquent, le problème est impossible.

Problème 9. *Exprimer la surface d'un trapèze en fonction de ses quatre côtés.*

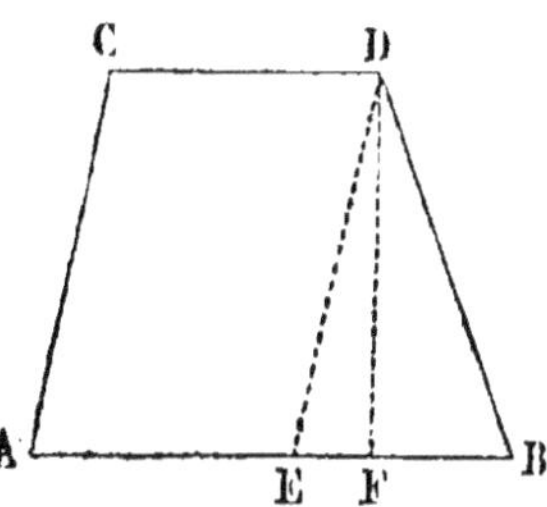

Désignons respectivement par a, b, c, d les quatre côtés AB, CD, AC, BD du trapèze ABCD. Par le sommet D menons DE parallèle à AC ; BE est égal à AB — CD et DE est égal à AC ; par conséquent, les trois côtés BE, DE, BD du triangle BDE sont respectivement exprimés par $a - b$, c et d.

Si l'on représente par $2p$ le périmètre $a + b + c + d$ du trapèze, on voit facilement que celui du triangle sera exprimé par $2p - 2b$; son demi-périmètre le sera donc par $p - b$, et, par suite, sa surface sera donnée par la formule

$$\sqrt{(p - b)[p - b - (a - b)](p - b - c)(p - b - d)},$$

ou bien

$$\sqrt{(p - a)(p - b)(p - b - c)(p - b - d)}.$$

Or, on a

$$\text{Trapèze ABCD} = \frac{1}{2}(AB + CD).DF = \frac{1}{2}(a + b).DF,$$

$$\text{Triangle BDE} = \frac{1}{2}BE.DF = \frac{1}{2}(a - b).DF ;$$

par conséquent,

$$\frac{ABCD}{BDE} = \frac{a + b}{a - b}, \quad \text{d'où} \quad ABCD = \frac{a + b}{a - b} BDE ;$$

donc la surface du trapèze est exprimée par

$$\frac{a + b}{a - b}\sqrt{(p - a)(p - b)(p - b - c)(p - b - d)}$$

Problème 10. *Étant donnés le périmètre* 2p *d'un triangle rectangle et le rayon* R *du cercle inscrit, déterminer les côtés du triangle.*

Désignons les côtés de l'angle droit par b et c, et l'hypoténuse par a. Nous aurons d'abord

$$a + b + c = 2p, \qquad\qquad (1)$$

$$b^2 + c^2 = a^2. \qquad\qquad (2)$$

Une troisième équation nous sera donnée par ce théorème : l'aire d'un polygone circonscrit à un cercle a pour mesure le produit de son périmètre par la moitié du rayon du cercle ; ainsi, la surface du triangle est égale à pR ; mais cette surface est aussi exprimée par $\frac{1}{2} bc$; donc

$$bc = 2p\text{R}. \qquad\qquad (3)$$

Les équations (2) et (3) donnent

$$b^2 + c^2 + 2bc = a^2 + 4p\text{R}, \quad \text{ou} \quad (b + c)^2 = a^2 + 4p\text{R} ;$$

or, il résulte de l'équation (1) que $(b + c)^2 = (2p - a)^2$; donc

$$a^2 + 4p\text{R} = (2p - a)^2 = 4p^2 - 4pa + a^2 ;$$

équation d'où l'on tire $\quad a = p - \text{R}.$

Cette valeur de a étant mise dans l'équation (1),

il en résulte $\qquad b + c = p + \text{R} ;$

mais on a aussi $bc = 2p\text{R}$; par conséquent, b et c sont les racines de l'équation

$$\text{X}^2 - (p + \text{R})\,\text{X} + 2p\text{R} = 0.$$

On en tire

$$\text{X} = \frac{1}{2} [p + \text{R} \pm \sqrt{(p + \text{R})^2 - 8p\text{R}}] ;$$

l'une de ces valeurs de X donne le côté b et l'autre le côté c.

———

Problème 11. *Les deux bases d'un trapèze étant données, calculer la longueur d'une droite qui, menée parallèlement aux bases, divise la figure en deux parties proportionnelles aux nombres* m *et* n.

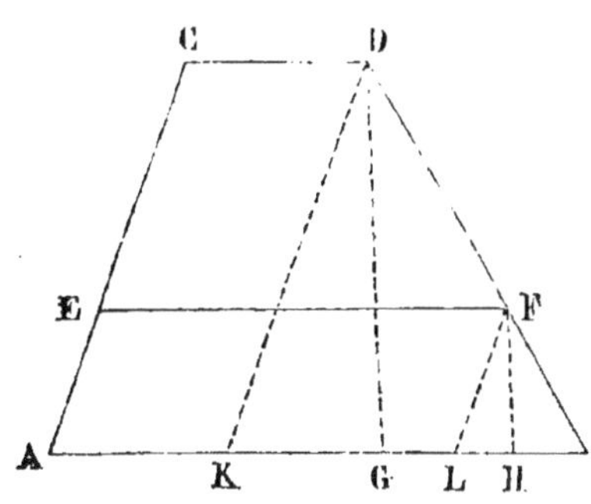

Soient AB $= a$, CD $= b$ les bases données; désignons par x la ligne de division EF, par h la hauteur DG, par y la hauteur FH, et menons DK et FL parallèles à AC.

Le trapèze ABCD a pour mesure $\frac{1}{2}(a + b)h$, et le trapèze ABFE, $\frac{1}{2}(a + x)y$.

Or, ce dernier est égal à ABDC $\times \dfrac{m}{m + n}$; on a donc, en supprimant le facteur $\frac{1}{2}$,

$$(a + x)y = \frac{m}{m + n}(a + b)h. \tag{1}$$

Les triangles semblables BDK, BFL donnent

$$\frac{FH}{DG} = \frac{BL}{BK}, \quad \text{ou} \quad \frac{y}{h} = \frac{a - x}{a - b}, \quad \text{d'où} \quad y = \frac{(a - x)h}{a - b};$$

cette valeur de y étant substituée dans l'équation (1), il vient

$$\frac{(a + x)(a - x)h}{a - b} = \frac{m}{m + n}(a + b)h,$$

ou, en simplifiant,

$$a^2 - x^2 = \frac{m}{m + n}(a^2 - b^2). \tag{2}$$

Il en résulte

$$x = \sqrt{\frac{na^2 + mb^2}{m + n}}.$$

REMARQUE. Si le trapèze doit être divisé en deux parties équivalentes, on a $m = n$, et la valeur de x se réduit à

$$x = \sqrt{\frac{1}{2}(a^2 + b^2)}.$$

Problème 12. *Exprimer en fonction du rayon la surface de chacun des polygones réguliers inscrits de 4, 8, 3, 6 et 12 côtés.*

En désignant le côté par a, le rayon par R et l'apothème par A, on a :

Pour le carré, $\qquad a = R\sqrt{2}, \qquad A = \frac{1}{2}R\sqrt{2}$;

Pour l'octogone, $\qquad a = R\sqrt{2 - \sqrt{2}}, \quad A = \frac{1}{2}R\sqrt{2 + \sqrt{2}}$;

Pour le triangle, $\qquad a = R\sqrt{3}, \qquad A = \frac{1}{2}R$;

Pour l'hexagone, $\qquad a = R, \qquad A = \frac{1}{2}R\sqrt{3}$;

Pour le dodécagone, $\quad a = R\sqrt{2 - \sqrt{3}}, \quad A = \frac{1}{2}R\sqrt{2 + \sqrt{3}}.$

Les surfaces seront donc :

Pour le carré, $\qquad s = 2aA = 2R^2,$

Pour l'octogone, $\qquad s = 4aA = 2R^2\sqrt{2},$

Pour le triangle, $\qquad s = \frac{3}{2}aA = \frac{3}{4}R^2\sqrt{3},$

Pour l'hexagone, $\qquad s = 3aA = \frac{3}{2}R^2\sqrt{3},$

Pour le dodécagone, $\quad s = 6aA = 3R^2.$

On peut aussi trouver la surface pour les polygones réguliers inscrits d'un nombre pair de côtés, d'après ce théorème que la surface d'un quadrilatère dont les diagonales se coupent à angle droit est égale à la moitié du produit de ces diagonales.

Pour le carré, on a immédiatement $s = \frac{1}{2}\,2R\,.\,2R = 2R^2$.

Pour l'octogone, il y a quatre quadrilatères dont les diagonales sont R et $R\sqrt{2}$; donc $s = 4\,\frac{1}{2}\,R\,.\,R\sqrt{2} = 2R^2\sqrt{2}$.

Pour l'hexagone, il y a trois quadrilatères dont les diagonales sont R et $R\sqrt{3}$; donc $s = 3\,\frac{1}{2}\,R\,.\,R\sqrt{3} = \frac{3}{2}\,R^2\sqrt{3}$.

Pour le dodécagone, il y a six quadrilatères dont les diagonales sont R et R; donc $s = 6\,\frac{1}{2}\,R\,.\,R = 3R^2$.

Remarque. La surface de l'hexagone régulier inscrit est double de celle du triangle équilatéral inscrit dans le même cercle.

Problème 13. *Exprimer en fonction de son côté la surface de chacun des polygones réguliers de 4, 8, 3, 6 et 12 côtés.*

En désignant le côté par a, le rayon du cercle circonscrit par R, et l'apothème par A, on a :

pour le carré, $\qquad a = R\sqrt{2}, \qquad A = \frac{1}{2}\,R\sqrt{2}$;

pour l'octogone, $\qquad a = R\sqrt{2-\sqrt{2}}, \; A = \frac{1}{2}\,R\sqrt{2+\sqrt{2}}$;

pour le triangle, $\qquad a = R\sqrt{3}, \qquad A = \frac{1}{2}\,R$;

pour l'hexagone, $\qquad a = R, \qquad A = \frac{1}{2}\,R\sqrt{3}$;

pour le dodécagone, $a = R\sqrt{2-\sqrt{3}}, \quad A = \frac{1}{2}\,R\sqrt{2+\sqrt{3}}$.

Tirant R de la valeur du côté et la substituant dans celle de l'apothème, on a :

pour le carré, $\qquad A = \dfrac{1}{2} \dfrac{a}{\sqrt{2}} \sqrt{2} = \dfrac{1}{2} a$;

pour l'octogone, $\qquad A = \dfrac{1}{2} \dfrac{a}{\sqrt{\dfrac{a}{2-\sqrt{2}}}} \sqrt{2+\sqrt{2}} = \dfrac{1}{2} a(\sqrt{2}+1)$;

pour le triangle, $\qquad A = \dfrac{1}{2} \dfrac{a}{\sqrt{3}} = \dfrac{1}{6} a\sqrt{3}$;

pour l'hexagone, $\qquad A = \dfrac{1}{2} a\sqrt{3}$;

pour le dodécagone, $A = \dfrac{1}{2} \sqrt{\dfrac{a}{2-\sqrt{3}}} \sqrt{2+\sqrt{3}} = \dfrac{1}{2} a(2+\sqrt{3})$.

Il en résulte que les surfaces sont :

pour le carré, $\qquad S = 2a \times \dfrac{1}{2} a = a^2$;

pour l'octogone, $\qquad S = 4a \times \dfrac{1}{2} a (\sqrt{2}+1) = 2a^2(\sqrt{2}+1)$;

pour le triangle, $\qquad S = \dfrac{3}{2} a \times \dfrac{1}{6} a \sqrt{3} = \dfrac{1}{4} a^2\sqrt{3}$;

pour l'hexagone, $\qquad S = 3 a \times \dfrac{1}{2} a \sqrt{3} = \dfrac{3}{2} a^2\sqrt{3}$;

pour le dodécagone, $\quad S = 6a \times \dfrac{1}{2} a (2+\sqrt{3}) = 3a^2(2+\sqrt{3})$.

APPLICATION. *Exprimer en hectares la surface d'un hexagone régulier dont le côté est de 325 mètres.*

$$S = \dfrac{3}{2} \cdot (325)^2 . \sqrt{3} = 274422 \text{ mètres carrés,}$$

ou 27 hectares 44 ares 22 centiares.

Problème 14. *On suppose qu'un plan donné renferme, avec une circonférence de cercle, deux hexagones réguliers, l'un inscrit, l'autre circonscrit. On demande le rayon du cercle : 1° dans le cas où la différence entre les périmètres des deux hexagones est de 1 décimètre ; 2° dans le cas où l'aire comprise entre ces deux périmètres est de 1 décimètre carré.*

1° Le côté de l'hexagone régulier inscrit est égal au rayon (R); son apothème est égal à $\frac{1}{2} R \sqrt{3}$. Le côté x de l'hexagone régulier circonscrit est donné par la proportion

$$\frac{x}{R} = \frac{R}{\frac{1}{2} R \sqrt{3}}, \text{ d'où } x = \frac{R}{\frac{1}{2} \sqrt{3}} = \frac{2}{3} R \sqrt{3}.$$

Les périmètres des deux polygones sont donc :

pour l'hexagone inscrit, 6R,

pour l'hexagone circonscrit, $4R \sqrt{3}$.

On a, par conséquent,

$$4R \sqrt{3} - 6R = 1,$$

d'où l'on tire

$$R = \frac{1}{4\sqrt{3} - 6} = \frac{4\sqrt{3} + 6}{48 - 36} = \frac{4\sqrt{3} + 6}{12} = \frac{1}{6}(2\sqrt{3} + 3).$$

2° La surface de l'hexagone régulier inscrit est exprimée par $3R \times \frac{1}{2} R \sqrt{3}$ ou $\frac{3}{2} R^2 \sqrt{3}$, et celle de l'hexagone circonscrit par $2R\sqrt{3} \times R$ ou $2R^2 \sqrt{3}$.

On a, par conséquent,

$$2R^2 \sqrt{3} - \frac{3}{2} R^2 \sqrt{3} = 1, \text{ ou } \frac{1}{2} R^2 \sqrt{3} = 1;$$

il en résulte

$$R = \sqrt{\frac{2}{\sqrt{3}}} = \sqrt{\frac{2\sqrt{3}}{3}}.$$

Problème 15. *Dans une circonférence dont le rayon est connu on a deux polygones réguliers semblables, l'un inscrit, l'autre circonscrit; la différence de leurs périmètres est* a *et celle de leurs surfaces est* b². *Quels sont les périmètres de ces polygones?*

Soient R le rayon, X le périmètre du polygone inscrit et x son apothème. Le périmètre du polygone circonscrit sera X $+ a$, et x sera donné par la proportion $\dfrac{x}{R} = \dfrac{X}{X + a}$, d'où $x = \dfrac{RX}{X + a}$,

L'aire du polygone inscrit est exprimée par $\dfrac{1}{2}Xx$ ou $\dfrac{RX^2}{2(X+a)}$,

et celle du polygone circonscrit par $\dfrac{1}{2}(X + a)R$;

on a donc

$$\frac{1}{2}(X + a)R - \frac{RX^2}{2(X+a)} = b^2,$$

équation d'où l'on tire

$$X = \frac{a(2b^2 - aR)}{2(aR - b^2)}.$$

On a ensuite

$$X + a = \frac{Ra^2}{2aR - b^2}.$$

Problème 16. *Deux cercles concentriques ont l'un* 36ᵐ *et l'autre* 29ᵐ *de rayon. Quelle est la longueur d'une corde du grand cercle qui est tangente au petit cercle?*

Si, par le point de contact, on mène un diamètre dans le grand cercle, il sera perpendiculaire à la corde, et, par suite, il la divisera en deux parties égales. Le carré de la moitié de cette corde est donc égal au produit des deux segments correspondants du diamètre du grand cercle. Or, l'un de ces segments est la différence des rayons R et R' des deux cercles, et l'autre en est la somme. Par conséquent, en désignant la corde par x, on a

$$\frac{1}{4}x^2 = (R - R')(R + R') \text{ d'où } x = \sqrt{4(R - R')(R + R')}.$$

Pour le cas particulier de l'énoncé,

$$x = \sqrt{4 \times 7 \times 65} = \sqrt{1820} = 42^{m},66.$$

Remarque. L'égalité $\frac{1}{4}x^2 = (R - R')(R + R')$ revient à $\frac{1}{4}x^2 = R^2 - R'^2$; par conséquent, $\frac{1}{4}\pi x^2 = \pi R^2 - \pi R'^2$. Or, $\frac{1}{4}\pi x^2$ est l'aire d'un cercle qui aurait x pour diamètre, et $\pi R^2 - \pi R'^2$ est la différence des aires des deux cercles donnés. Donc, l'aire de la couronne circulaire comprise entre deux cercles concentriques est égale à l'aire d'un cercle qui aurait pour diamètre une corde du grand cercle tangente au petit cercle.

Problème 17. *Quelle est la longueur de l'arc d'un secteur qui a* $4^{mq},25$ *de surface et dont l'angle est de* $27°17'20''$?

Soient s la surface d'un secteur, α son angle exprimé en secondes, a la longueur de l'arc correspondant, et R le rayon du cercle.

On a $s = \dfrac{\pi R^2 \alpha}{360 \times 60 \times 60}$ et $s = \dfrac{1}{2} Ra$; par conséquent, $s^2 = \dfrac{1}{4} R^2 a^2$. Divisant membre à membre cette dernière égalité par la première, il vient

$$s = \frac{a^2 \times 90 \times 60 \times 60}{\pi \alpha} \quad \text{d'où} \quad a = \frac{\sqrt{10\,\pi \alpha s}}{1800}.$$

Avec les données de l'énoncé, on trouve $a = 2^{m},012$.

Problème 18. *Quelle est la surface d'un segment dont l'arc est de* $45°$ *dans un cercle qui a* $3^{m},1$ *de rayon?*

L'aire d'un segment moindre qu'un demi-cercle peut s'obtenir en multipliant la moitié du rayon par l'excès de l'arc sur la moitié de la corde qui soustend un arc double.

Dans le problème actuel, on a $R = 3^m,1$; la longueur de l'arc est égale à $\dfrac{\pi R \times 45}{180}$ ou $\dfrac{\pi \times 3,1}{4}$; enfin, la corde qui soustend un arc de 90° est égale à $R \sqrt{2}$ ou $3,1 \times \sqrt{2}$. La surface du segment est donc exprimée par

$$\frac{1}{2} \times 3,1 \times \left(\frac{\pi \times 3,1}{4} - \frac{3,1 \times \sqrt{2}}{2} \right) \text{ ou } \frac{1}{8} \times (3,1)^2 \times (\pi - 2\sqrt{2}).$$

On trouve pour résultat $0^{mq},3762$.

Problème 19. *La surface d'un cercle et celle du triangle équilatéral inscrit valent ensemble 3 mètres carrés. On demande de calculer la surface du cercle et celle du triangle.*

Soient x l'aire du cercle, y celle du triangle et R le rayon. On a

$$x = \pi R^2 \text{ et } y = \frac{3}{4} R^2 \sqrt{3};$$

il en résulte

$$x : y = \pi : \frac{3}{4} \sqrt{3} = \frac{4\pi}{3\sqrt{3}};$$

On obtiendra donc x et y en partageant le nombre 3 en deux parties proportionnelles aux nombres 4π et $3\sqrt{3}$; par conséquent,

$$x = \frac{3 \times 4\pi}{4\pi + 3\sqrt{3}} \text{ et } y = \frac{3 \times 3\sqrt{3}}{4\pi + 3\sqrt{3}}.$$

On trouve $x = 2^{mq},1224$ et $y = 0^{mq},8776$.

Problème 20. *Quel est le plus grand triangle isocèle qu'on puisse inscrire dans le cercle?*

En désignant par x la distance de la base du triangle au centre du cercle, par y la moitié de cette base, par s la surface du triangle et par R le rayon, on a

$$x^2 + y^2 = R^2 \text{ et } y\,(R + x) = s.$$

On tire de la première équation,

$$y = \sqrt{R^2 - x^2} = \sqrt{(R + x)\,(R - x)},$$

et en substituant dans la seconde, on a

$$(R + x)\,\sqrt{(R + x)(R - x)} = s \text{ ou } \sqrt{(R + x)^3\,(R - x)} = s.$$

Le maximum de s a lieu quand la quantité placée sous le radical devient maximum; et comme $(R + x) + (R - x) = 2R$, quantité constante, la valeur de x qui correspond à ce maximum est donnée par l'équation $\dfrac{R + x}{3} = R - x$, d'où l'on tire $x = \dfrac{1}{2}\,R$.

Il en résulte que la base est le côté du triangle équilatéral, et, par suite, que le triangle est équilatéral. Le maximum de s est donc $3R\sqrt{3} \times \dfrac{1}{4}R$ ou $\dfrac{3}{4}R^2\sqrt{3}$.

PROBLÈMES SUR LES SOLIDES.

Problème 21. *On veut construire une digue en granit longue de 750m, haute de 3m,50, large de 5m,75 à la base et de 4m,20 au sommet. Un mètre cube de granit pèse 2500kg et le prix du kilog. de granit est de 0fr,03. On demande le prix de la digue.*

La digue peut être considérée comme un prisme ayant pour hauteur la longueur de la digue, et pour base un trapèze dont les deux côtés parallèles sont les deux largeurs de la digue avec une hauteur égale à celle de la digue.

Son volume est donc égal à

$$\frac{1}{2}(5,75 + 4,2) \times 3,5 \times 750 ;$$

par suite, son poids est exprimé par

$$2500^{kg} \times \frac{1}{2}(5,75 + 4,2) \times 3,5 \times 750,$$

et son prix est de

$$0^{fr},03 \times 2500 \times \frac{1}{2}(5,75 + 4,2) \times 3,5 \times 750.$$

On trouve pour résultat 979453fr,12.

Problème 22. *Un bassin a son fond horizontal; sa forme est celle d'un prisme dont la base est un hexagone régulier de 10 mètres de côté, et sa hauteur est de 1m,2. On demande de calculer, à moins d'une unité, le nombre de mètres cubes d'eau qu'il peut contenir.*

La surface de l'hexagone régulier dont le côté est a est égale à $\frac{3}{2}a^2 \sqrt{3}$. La capacité du bassin est donc égale à $\frac{3}{2} \times 100 \sqrt{3} \times 1,2$ ou $180 \sqrt{3}$. Pour calculer ce produit à moins d'une unité, il suffit de prendre $\sqrt{3}$ à moins d'un demi-centième. On trouve $312^{m.\ c.}$.

Problème 23. *La somme de toutes les arêtes d'un parallélépipède rectangle est égale à 48, la somme des carrés des trois arêtes contigües est égale à 50 et l'aire de la base est égale à 12. On demande les trois arêtes contigües du parallélépipède.*

Désignons ces trois arêtes par x, y, z. Les conditions de l'énoncé donnent les trois équations :

$$x + y + z = \frac{48}{4} = 12 \qquad (1)$$

$$x^2 + y^2 + z^2 = 50 \qquad (2)$$

$$xy = 12. \qquad (3)$$

Les équations (2) et (3) donnent

$$x^2 + y^2 + 2xy + z^2 = 50 + 24$$

ou
$$(x + y)^2 = 74 - z^2 ;$$

e l'équation (1) on tire

$$(x + y)^2 = (12 - z)^2 = 144 - 24z + z^2 ;$$

par conséquent,

$$144 - 24z + z^2 = 74 - z^2,$$

et, par suite

$$z^2 - 12z + 35 = 0$$

d'où
$$z = 6 \pm \sqrt{36 - 35}, \quad z' = 7, \quad z'' = 5.$$

Des équations $x + y = 12 - z$ et $xy = 12$ on conclut que x et y sont les racines de l'équation

$$X^2 - (12 - z) X + 12 = 0$$

d'où
$$X = \frac{1}{2} \left[(12 - z) \pm \sqrt{(12 - z)^2 - 48} \right].$$

En remplaçant z par 7 on trouve pour X des valeurs imaginaires, et pour $z = 5$, on obtient $X' = 4$ et $X'' = 3$; les arêtes du parallélépipède sont donc 4, 3 et 5.

Problème 24. *Étant donné un tronc de pyramide à bases parallèles, calculer la hauteur de la pyramide entière sachant que deux côtés homologues des bases ont l'un $0^m,9$ et l'autre $0^m,4$, et que la hauteur du tronc est de 1 mètre.*

Si nous désignons par x la hauteur de la pyramide totale, $x-1$ sera celle de la pyramide retranchée ; or, les côtés des bases sont proportionnels aux distances des bases au sommet ;

donc
$$\frac{x}{x-1} = \frac{0,9}{0,4} = \frac{9}{4}.$$

Il résulte de là

$$\frac{x}{1} = \frac{9}{9-4} = \frac{9}{5},$$

d'où
$$x = \frac{9}{5} = 1^m,8.$$

Problème 25. *Déterminer les dimensions d'un parallélépipède rectangle équivalent à un cube donné, connaissant la somme de ses trois arêtes et sachant que l'une est moyenne proportionnelle entre les deux autres.*

Soient x, y et z les trois arêtes du parallélépipède, s leur somme, et a le côté du cube. On a, d'après l'énoncé,

$$xyz = a^3, \tag{1}$$

$$x + y + z = s, \tag{2}$$

$$x^2 = yz. \tag{3}$$

Au moyen de l'équation (3) l'équation (1) devient

$$x^3 = a^3, \quad \text{d'où} \quad x = a.$$

On tire ensuite de l'équation (2)

$$y + z = s - a,$$

et, comme on a déjà

$$yz = x^2 = a^2,$$

on en conclut que y et z sont les racines de l'équation

$$X^2 - (s - a)\,X + a^2 = 0.$$

Il en résulte

$$X = \frac{1}{2}\left(s - a \pm \sqrt{(s-a)^2 - 4a^2}\right),$$

$$= \frac{1}{2}\left(s - a \pm \sqrt{(s + a)(s - 3a)}\right);$$

par conséquent,

$$y = \frac{1}{2}\left(s - a + \sqrt{(s + a)(s - 3a)}\right),$$

et

$$z = \frac{1}{2}\left(s - a - \sqrt{(s + a)(s - 3a)}\right).$$

Problème 26. *Une pyramide triangulaire dont la base a ses trois côtés de 13, 14 et 15 mètres, et dont la hauteur est de 16 mètres, étant coupée par un plan parallèle à la base distant du sommet de 2 mètres, on demande le volume du tronc de pyramide.*

La base inférieure est un triangle dont les côtés ont 13, 14 et 15 mètres; son périmètre est donc de 42 mètres, et sa surface est égale à

$$\sqrt{21\,(21-13)(21-14)(21-15)} \text{ ou } \sqrt{3\times7\times2\times4\times7\times2\times3},$$

ce qui fait $3 \times 7 \times 4$ ou 84 mètres.

La base supérieure x et la base inférieure étant entre elles comme les carrés de leurs distances au sommet, on a

$$\frac{x}{84} = \frac{4}{16^2} = \frac{1}{64}, \quad \text{d'où} \quad x = \frac{84}{64} = \frac{21}{16}.$$

Il résulte de là que le volume de la pyramide totale est égal à $\frac{1}{3} \times 84 \times 16$ ou 448 mètres cubes, et que celui de la pyramide retranchée est égal à $\frac{1}{3} \times \frac{21}{16} \times 2$ ou $\frac{7}{8}$ de mètre cube. Par conséquent, le volume du tronc est de $448 - \dfrac{7}{8}$ ou $447 \dfrac{1}{8}$ mètres cubes.

Problème 27. *Un prisme régulier dont la hauteur est de 1 décimètre a pour base un hexagone régulier, et sa surface totale est de 12 décimètres carrés. On demande de déterminer son volume.*

Soit x le côté de la base évalué en décimètres. La surface de cette base est exprimée par $3x \times \dfrac{1}{2} x \sqrt{3}$ ou $\dfrac{3}{2} x^2 \sqrt{3}$. Le volume est donc égal à $\dfrac{3}{2} x^2 \sqrt{3} \times 1$ ou $\dfrac{3}{2} x^2 \sqrt{3}$.

Or, la surface totale se compose de deux fois la base, $2\left(\dfrac{3}{2} x^2 \sqrt{3}\right)$, plus 6 fois un rectangle dont la surface est $x \times 1$ ou x; on a donc

$$2\left(\frac{3}{2} x^2 \sqrt{3}\right) + 6x = 12, \qquad (1)$$

ou $\qquad 3x^2 \sqrt{3} + 6x - 12 = 0,$

équation qu'on peut remplacer par

$$3x^2 + 2x\sqrt{3} - 4\sqrt{3} = 0. \qquad (2)$$

On en tire la valeur positive

$$x = \frac{1}{3}\left(-\sqrt{3} + \sqrt{3 + 12\sqrt{3}}\right).$$

Or, on déduit de l'équation (1)

$$\frac{3}{2} x^2 \sqrt{3} = 6 - 3x.$$

Par conséquent, le volume cherché est égal à

$$6 + \sqrt{3} - \sqrt{3 + 12\sqrt{3}}.$$

On trouve pour résultat $2^{\text{dm. c.}},8551$.

Problème 28. *Calculer la valeur en francs d'un tétraèdre régulier en or qui a 1 décimètre de côté, le kilogramme d'or valant 3437 fr., et le décimètre cube d'or pesant 19^{kg},26.*

Désignons par a le côté du tétraèdre. Chacune de ses faces est un triangle équilatéral dont le côté est a; par conséquent, le rayon du cercle circonscrit à une face est égal $\dfrac{a}{\sqrt{3}}$ ou $\dfrac{1}{3}a\sqrt{3}$, car $a = R\sqrt{3}$; et la hauteur de chaque triangle, qui vaut $R \times \dfrac{3}{2}$, est exprimée par $\dfrac{1}{3}a\sqrt{3} \times \dfrac{3}{2}$ ou $\dfrac{1}{2}a\sqrt{3}$. La surface de la base du tétraèdre est donc égale à $\dfrac{1}{2}a \times \dfrac{1}{2}a\sqrt{3}$ ou $\dfrac{1}{4}a^2\sqrt{3}$. Quant à la hauteur du tétraèdre, comme elle passe au centre de la base, elle forme un côté de l'angle droit d'un triangle rectangle dont l'hypoténuse est une arète du tétraèdre et dont l'autre côté de l'angle droit est le rayon déterminé précédemment; cette hauteur a donc pour expression $\sqrt{a^2 - \dfrac{a^2}{3}}$ ou $a\dfrac{\sqrt{2}}{\sqrt{3}}$; il en résulte que le volume du tétraèdre est égal à

$$\frac{1}{4}a^2\sqrt{3} \times \frac{1}{3}a\frac{\sqrt{2}}{\sqrt{3}} \quad \text{ou} \quad \frac{1}{12}a^3\sqrt{2}.$$

Par suite, il pèse $\dfrac{1}{12}a^3\sqrt{2} \times 19{,}26$ kilogrammes, a étant exprimé en décimètres, et sa valeur est de

$$\frac{1}{12} \times 3437^{\text{fr}} \times a^3\sqrt{2} \times 19{,}26 \quad \text{ou} \quad \frac{1}{2} \times 3437^{\text{fr}} \times a^3\sqrt{2} \times 3{,}21.$$

En faisant $a = 1$, on trouve 7801 fr.

Problème 29. *Trouver le volume et la surface latérale d'une pyramide régulière ayant 12 centimètres de hauteur, et pour base un dodécagone régulier dont le côté est de 5 centimètres.*

Soient a, h et A le côté de la base, la hauteur et l'apothème de la pyramide ; en désignant par R le rayon du cercle circonscrit à la base, nous aurons $a = R \sqrt{2 - \sqrt{3}}$, d'où $R = \dfrac{a}{\sqrt{2 - \sqrt{3}}}$; or, la surface du dodécagone régulier est égale à $3R^2$; donc, le volume de la pyramide est exprimé par $\dfrac{1}{3} \dfrac{3a^2}{2 - \sqrt{3}} h$ ou $\dfrac{a^2 h}{2 - \sqrt{3}}$, quantité égale à $a^2 h (2 + \sqrt{3})$. En remplaçant a par 5 et h par 12, on trouve $1119^{cm\,c},615$.

La surface latérale de la pyramide est égale à $12a \times \dfrac{1}{2}$ A ou $6aA$; A est l'hypothénuse d'un triangle rectangle ayant pour côtés de l'angle droit la hauteur h et l'apothème de la base, lequel a pour expression

$$\frac{1}{2} \sqrt{4R^2 - a^2} \text{ ou } \frac{1}{2} \sqrt{\frac{4a^2}{2 - \sqrt{3}} - a^2},$$

quantité qui se réduit à

$$\frac{1}{2} a (2 + \sqrt{3});$$

donc $$A = \sqrt{h^2 + \frac{1}{4} a^2 (2 + \sqrt{3})^2},$$

et, par suite, la surface latérale de la pyramide est égale à

$$6a \sqrt{h^2 + \frac{1}{4} a^2 (2 + \sqrt{3})^2} \text{ ou } 3a \sqrt{4h^2 + a^2 (7 + 4\sqrt{3})}.$$

En remplaçant a par 5 et h par 12, on trouve $456^{cm\,q},011$.

Problème 30. *Trouver le volume d'un hexaèdre dont deux faces sont des rectangles ayant leurs côtés parallèles deux à deux, et dont les autres faces sont les trapèzes qu'on obtient en joignant* *les sommets homologues des deux rectangles. On suppose connues les dimensions a et b, a' et b' des deux rectangles, ainsi que la distance h de leurs plans.*

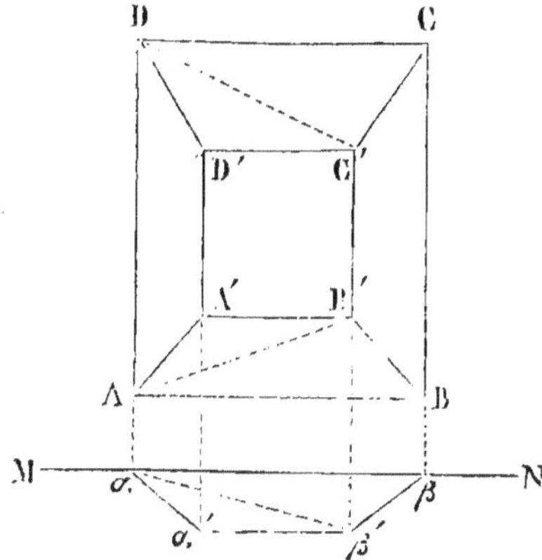

Soit l'hexaèdre donné ABCDA'B'C'D', $AB = a$, $BC = b$, $A'B' = a'$, $B'C' = b'$, et h la distance des deux plans AC, A'C'.

Menons en dehors du solide un plan perpendiculaire à l'une des arêtes de la base ABCD ; soit MN l'intersection de ce plan avec le plan ABCD ; et prolongeons les quatre arêtes AD, BC, A'D', B'C' jusqu'à la rencontre du plan perpendiculaire en α, β, α', β'. Il en résultera le trapèze $\alpha\beta\,\alpha'\beta'$ ayant pour bases $\alpha\beta = a$, $\alpha'\beta' = a'$, et pour hauteur h.

Si par les arêtes αD, β'C' nous menons un plan, le solide αC' sera décomposé en deux troncs de prismes triangulaires $\alpha\beta\beta'$ DCC', $\alpha\beta'\alpha'$DC'D' qui ont respectivement pour mesure

$$\alpha\beta\beta' \times \frac{1}{3} \,(\alpha D + \beta C + \beta'C') \qquad (1)$$

$$\alpha\beta'\alpha' \times \frac{1}{3} \,(\alpha D + \beta'C' + \alpha'D')\cdot \qquad (2)$$

Mais les troncs de prismes triangulaires $\alpha\beta\beta'$ABB', $\alpha\beta'\alpha'$AB'A' ont pour mesure

$$\alpha\beta\beta' \times \frac{1}{3} \,(\alpha A + \beta B + \beta'B') \qquad (3)$$

$$\alpha\beta'\alpha' \times \frac{1}{3} \,(\alpha A + \beta'B' + \alpha'A')\cdot \qquad (4)$$

Retranchant (3) de (1) et (4) de (2), et faisant la somme des restes, nous avons pour le volume demandé

$$\alpha\beta\beta' \times \frac{1}{3} \,(AD + BC + B'C') + \alpha\beta'\alpha' \times \frac{1}{3} \,(AD + B'C' + A'D')$$

6

ou bien,

$$\frac{1}{6}\,ah\,(2b+b')+\frac{1}{6}\,a'h\,(b+2b')$$

ou enfin,

$$\frac{1}{6}\,h\,[a\,(2b+b')+a'\,(2b'+b)].$$

REMARQUE 1. Si $b'=0$, deux faces latérales se coupent suivant une droite qui forme une arête culminante et le volume est exprimé par

$$\frac{1}{6}\,h\,(2ab+a'b)\ \text{ou}\ \frac{1}{6}bh\,(2a+a').$$

REMARQUE II. Si l'on a $\dfrac{a}{a'}=\dfrac{b}{b'}$, il en résulte $ab'=a'b$, et l'expression du volume devient

$$\frac{1}{6}h\,(2ab+2a'b'+2ab'),$$

ou

$$\frac{1}{3}h\,(ab+a'b'+ab');$$

or, $\qquad ab'=\sqrt{ab'\times ab'}=\sqrt{ab'\times a'b}=\sqrt{ab\times a'b'};$

c'est donc une moyenne proportionnelle entre les deux bases; de sorte que l'expression du volume n'est autre chose que celle d'un tronc de pyramide, ce qui doit être, puisque les deux bases sont alors des figures semblables.

REMARQUE III. L'expression $\dfrac{1}{6}\,h\,[a(2b+b')+a'(2b'+b)]$ peut se mettre sous la forme

$$\frac{1}{3}\,h\left(ab+a'b'+\frac{ab'+a'b}{2}\right)$$

qui montre mieux en quoi le volume du solide diffère de celui du tronc de pyramide.

Problème 31. *On demande le prix d'un tuyau de conduite en fonte dont le diamètre intérieur est* $0^m,245$, *l'épaisseur* $0^m,014$ *et la longueur* 2134^m. *Le décimètre cube de fonte pèse* $7^{kg},207$ *et le kilogramme vaut* $0^{fr},20$.

Le volume de ce tuyau est la différence entre deux cylindres ayant même hauteur 2134 mètres, et dont les diamètres sont, pour l'un $0^m,245$ et pour l'autre $0^m,245 + 0^m,014 \times 2$ ou $0^m,273$. Par conséquent, le décimètre étant pris pour unité, ce volume sera exprimé par

$$\frac{1}{4}\,\pi\,[(2,73)^2 - (2,45)^2] \times 21340 \text{ ou } \frac{1}{4}\pi \times 5,18 \times 0,28 \times 21340.$$

En multipliant ce volume par 7,207, on a le poids en kilogrammes ; le produit de $0^{fr},20$ par le résultat donne le prix qui est de

$$0^{fr},20 \times \frac{1}{4}\,\pi \times 5,18 \times 0,28 \times 21340 \times 7,207,$$

ou 35040 fr.

Problème 32. *Le rayon intérieur d'une tour ronde est de* $1^m,3$; *son épaisseur est de* $0^m,5$ *et le volume de la maçonnerie est de* $94^m,4677$. *On demande quelle en est la hauteur.*

Le volume de la maçonnerie est la différence entre deux cylindres dont l'un a $1^m,3$ de rayon et l'autre $1^m,3 + 0^m,5$ ou $1^m,8$. Ce volume est donc exprimé par

$$\pi H\,[(1,8)^2 - (1,3)^2] \text{ ou } \pi H \times 3,1 \times 0,5.$$

On a, par conséquent,

$$\pi H \times 3,1 \times 0,5 = 94,4677\,;$$

d'où
$$H = \frac{94,4677}{\pi \times 3,1 \times 0,5} = 19^m,4.$$

Problème 33. *Une machine soufflante lance 14 kilog. d'air par minute; cette machine se compose d'un cylindre dont le diamètre intérieur est du 0^m,75 et la course du piston est du 0^m,50, de telle sorte que chaque coup de piston lance un volume d'air égal à celui d'un cylindre de 0^m,50 de hauteur et de 0^m,75 de diamètre. Combien dure chaque coup de piston? On sait que le mètre cube d'air pèse 1298 grammes.*

Le volume de l'air lancé à chaque coup de piston est égal à $\frac{1}{4} \pi (0,75)^2 \times 0,5$. Ce volume, étant exprimé en mètres cubes, pèse, par conséquent, 1298^{gr} $\times \frac{1}{4} \pi (0,75)^2 \times 0,5$.

Pour lancer 14 kilog. ou 14000 gr. d'air, il faut donc un nombre de coups de piston égal à

$$\frac{14000}{1298 \times \frac{1}{4} \pi (0,75)^2 \times 0,5}.$$

Ce nombre de coups de piston se produisant en 1 minute ou 60 secondes, la durée de chaque coup de piston est de

$$\frac{60 \times 1298 \times \frac{1}{4} \pi (0,75)^2 \times 0,5}{14000}.$$

On trouve pour résultat 1^s,23.

Problème 34. *Deux cylindres dont les capacités sont de 90 hectolitres et 160 hectolitres ont l'un 3 mètres et l'autre 4 mètres de diamètre; calculer le diamètre d'un troisième cylindre dont la capacité serait de 500 hectolitres et dont la hauteur serait la somme des hauteurs des deux premiers.*

Soient v, v', v'' les trois capacités données; D, D', x les trois diamètres des bases, et H, H', H $+$ H' les trois hauteurs. Nous aurons :

$$v = \frac{1}{4}\pi D^2 H, \quad v' = \frac{1}{4}\pi D'^2 H', \quad v'' = \frac{1}{4}\pi x^2 (H + H').$$

Les deux premières égalités donnent

$$H = \frac{4v}{\pi D^2}, \quad H' = \frac{4v'}{\pi D'^2} ;$$

substituant dans la troisième, il vient

$$v'' = \frac{1}{4}\pi x^2 \left(\frac{4v}{\pi D^2} + \frac{4v'}{\pi D'^2} \right) = x^2 \left(\frac{v}{D^2} + \frac{v'}{D'^2} \right) = x^2 \left(\frac{vD'^2 + v'D^2}{D^2 D'^2} \right).$$

On tire de là

$$x = \sqrt{ \frac{D^2 D'^2 v''}{vD'^2 + v'D^2} }.$$

Les trois volumes donnés étant équivalents à $9^{m\,c}$, $16^{m\,c}$, $50^{m\,c}$, on a

$$x = \sqrt{ \frac{9 \times 16 \times 50}{9 \times 16 + 16 \times 9} } = \sqrt{25} = 5 \text{ mètres.}$$

Problème 35. *Sur le fond d'un vase cylindrique contenant de l'eau, on place une sphère dont le rayon est connu, et la surface de l'eau s'élève alors jusqu'au plan tangent à la sphère ; on retire cette sphère, on en met une autre de rayon double, et l'eau s'élève encore jusqu'au plan tangent à cette seconde sphère. Quel est le rayon du vase cylindrique?*

Désignons ce rayon par x, et par R le rayon de la première sphère. D'après la première expérience, le volume cylindrique occupé par l'eau et la première sphère est exprimé par

$$\pi x^2 \times 2R \quad \text{ou} \quad 2\pi Rx^2,$$

d'ailleurs la sphère a pour volume $\frac{4}{3}\pi R^3$; le volume de l'eau est

donc $2\pi R x^2 - \frac{4}{3}\pi R^3$.

Par la seconde expérience, on trouve de même que le volume de l'eau est exprimé par

$$4\pi R x^2 - \frac{32}{3}\pi R^3.$$

On a donc

$$4\pi R x^2 - \frac{32}{3}\pi R^3 = 2\pi R x^2 - \frac{4}{3}\pi R^3,$$

ou, en transposant,

$$2\pi R x^2 = \frac{28}{3}\pi R^3.$$

En supprimant les facteurs communs, il vient

$$x^2 = \frac{14}{3} R^2, \quad \text{d'où} \quad x = \frac{R}{3}\sqrt{42}.$$

Problème 36. *Calculer le rayon d'un cylindre circonscrit à un bassin octogonal dont la capacité est de 5 mètres cubes et qui a pour base un octogone régulier dont le côté est égal à la profondeur du bassin.*

La surface de l'octogone régulier inscrit dans un cercle de rayon R est égale à $\frac{1}{2}R \times R\sqrt{2} \times 4$ ou $2R^2\sqrt{2}$ et son côté est exprimé par $R\sqrt{2-\sqrt{2}}$; par conséquent, la capacité du bassin est égale à $2R^2\sqrt{2} \times R\sqrt{2-\sqrt{2}}$ ou $2R^3\sqrt{4-2\sqrt{2}}$, et l'on a l'équation $2R^3\sqrt{4-2\sqrt{2}} = 5$.

Il en résulte

$$R = \sqrt[3]{\dfrac{5}{2\sqrt{4-2\sqrt{2}}}} = \sqrt[3]{\dfrac{1}{2}\sqrt{\dfrac{25}{4-2\sqrt{2}}}}$$

$$= \sqrt[3]{\dfrac{1}{2}\sqrt{\dfrac{25(4+2\sqrt{2})}{8}}} = \sqrt[3]{\sqrt{\dfrac{25(2+\sqrt{2})}{4}}}$$

$$= \dfrac{1}{2}\sqrt[3]{\sqrt{100(2+\sqrt{2})}} = 1^m,322.$$

Problème 37. *Un vase a la forme d'un cône tronqué ; sa hauteur est de* $0^m,6$, *son ouverture a* $0^m,4$ *de diamètre et le fond* $0^m,3$. *Le vase contient jusqu'au bord de la poudre destinée à remplir des obus dont le diamètre est de* $0^m,1$. *On demande combien d'obus pourront être remplis.*

La capacité du vase étant désignée par V, on a

$$V = \frac{1}{3}\pi \times 0{,}6\left[\frac{1}{4}(0{,}4)^2 + \frac{1}{4}(0{,}3)^2 + \frac{1}{4}(0{,}4 \times 0{,}3)\right],$$

ou bien

$$V = \frac{1}{4}\pi \times 0{,}2\,(0{,}16 + 0{,}09 + 0{,}12) = \frac{1}{2}\pi \times 0{,}1 \times 0{,}37.$$

La capacité de l'obus est exprimée par

$$\frac{1}{6}\pi\,(0{,}1)^3 \quad \text{ou} \quad \frac{1}{6}\pi \times 0{,}001.$$

Par conséquent, le nombre des obus qu'on pourra remplir est égal à

$$\dfrac{\frac{1}{2}\pi \times 0{,}1 \times 0{,}37}{\frac{1}{6}\pi \times 0{,}001}, \quad \text{ce qui fait} \quad 3 \times 37 \quad \text{ou} \quad 111.$$

Problème 38. *Trouver à moins d'un millimètre la hauteur d'un cône équilatéral dont la surface totale est de* 5^{mq}.

La surface totale d'un cône est exprimée par $\pi RA + \pi R^2$ ou $\pi R (A + R)$; quand le cône est équilatéral, $A = 2R$, ce qui donne pour la surface totale $\pi R \times 3R$ ou $3\pi R^2$. On a de plus $A - R^2 = H^2$; mais $A^2 - R^2 = 4R^2 - R^2 = 3R^2$; remplaçant $3R^2$ par H^2 dans l'expression de la surface, on a enfin $\pi H^2 = 5$.

Il en résulte

$$H = \sqrt{\frac{5}{\pi}} = 1^m,261 .$$

Problème 39. *Étant donnés le côté* A *d'un cône et le rayon* R *de sa base, trouver la surface d'une section faite à la distance* h *de la base.*

Désignons par X la surface de la section et par H la hauteur inconnue du cône. Les sections étant entre elles comme les carrés de leurs distances au sommet, on a

$$\frac{X}{\pi R^2} = \frac{(H - h)^2}{H^2} = \left(\frac{H - h}{H}\right)^2 = \left(1 - \frac{h}{H}\right)^2,$$

d'où

$$X = \pi R^2 \left(1 - \frac{h}{H}\right)^2 .$$

Mais la hauteur H est égale à $\sqrt{A^2 - R^2}$; par conséquent,

$$X = \pi R^2 \left(1 - \frac{h}{\sqrt{A^2 - R^2}}\right)^2 .$$

Problème 40. *Le rayon* R *et la hauteur* H *d'un cône étant donnés, calculer la surface du tronc qu'on obtient en menant à une distance* h *du sommet un plan parallèle à la base.*

La surface du cône donné est exprimée par $\pi R \sqrt{H^2 + R^2}$; la surface x du cône retranché est donnée par la proportion

$$\frac{x}{\pi R \sqrt{H^2 + R^2}} = \frac{h^2}{H^2}, \quad \text{d'où} \quad x = \frac{h^2}{H^2} \pi R \sqrt{H^2 + R^2} ;$$

par conséquent, la surface du tronc est égale à

$$\pi R \sqrt{H^2 + R^2} - \frac{h^2}{H^2} \pi R \sqrt{H^2 + R^2},$$

ou

$$\pi R \frac{H^2 - h^2}{H^2} \sqrt{H^2 + R^2}.$$

Problème 41. *Le rayon de la base d'un cône est* R *et sa hauteur est* H. *A quelle distance de la base faut-il mener un plan parallèle pour que le tronc de cône qu'il détermine soit égal à* V?

Soit x cette distance. Le volume du cône donné est exprimé par $\frac{1}{3} \pi R^2 H$; le volume y du cône retranché est donné par la proportion

$$\frac{y}{\frac{1}{3} \pi R^2 H} = \frac{(H - x)^3}{H^3}, \quad \text{d'où} \quad y = \frac{1}{3} \pi R^2 H \frac{(H - x)^3}{H^3} ;$$

par conséquent le volume du tronc est égal à

$$\frac{1}{3} \pi R^2 H - \frac{1}{3} \pi R^2 H \frac{(H - x)^3}{H^3},$$

on a donc

$$V = \frac{1}{3} \pi R^2 H - \frac{1}{3} \pi R^2 H \frac{(H - x)^3}{H^3},$$

équation d'où l'on tire

$$H - x = H \sqrt[3]{1 - \frac{3V}{\pi R^2 H}}, \quad \text{et} \quad x = H \left(1 - \sqrt[3]{1 - \frac{3V}{\pi R^2 H}} \right).$$

Problème 42. *Étant donné un cône, on demande de le couper par un plan parallèle à la base en deux parties dont les surfaces latérales soient équivalentes.*

Soient H et S la hauteur et la surface latérale du cône donné, et désignons par x la distance du plan sécant au sommet. La surface y du cône retranché sera donnée par la proportion

$$\frac{y}{S} = \frac{x^2}{H^2}, \quad \text{d'où} \quad \frac{y}{S-y} = \frac{x^2}{H^2-x^2};$$

or, on doit avoir

$$y = S - y; \quad \text{donc} \quad x^2 = H^2 - x^2, \quad \text{ou} \quad 2x^2 = H^2;$$

par conséquent, $x = \sqrt{\frac{1}{2}H^2}$, c'est-à-dire que x est une moyenne proportionnelle entre H et $\frac{1}{2}$ H.

Si, au lieu de la hauteur H, on connaissait le côté A du cône, on trouverait de la même manière que le côté z du cône retranché est égal à $\sqrt{\frac{1}{2}A^2}$.

Problème 43. *La hauteur H d'un cône est connue, et l'on sait que deux génératrices menées aux extrémités d'un diamètre de la base font entre elles un angle de 45°. Quelle est l'expression du volume de ce cône?*

Si du sommet du cône comme centre, avec un rayon égal à la génératrice, on décrit un cercle qui ait pour corde le diamètre de la base, ce diamètre sera le côté de l'octogone régulier inscrit et la hauteur du cône en sera l'hapothème. Or, le côté de l'octogone régulier inscrit est exprimé par $R\sqrt{2-\sqrt{2}}$, et son apothème par $\frac{1}{2}R\sqrt{2+\sqrt{2}}$. On a donc

$$\frac{1}{2}R\sqrt{2+\sqrt{2}} = H, \quad \text{d'où} \quad R = \frac{2H}{\sqrt{2+\sqrt{2}}}.$$

En remplaçant R par cette valeur, on a pour le diamètre de la

base du cône $\dfrac{2H\sqrt{2-\sqrt{2}}}{\sqrt{2+\sqrt{2}}}$, expression qui se réduit à

$$2H\left(\sqrt{2}-1\right).$$

Le rayon est donc exprimé par $H\left(\sqrt{2}-1\right)$, et, par suite, le volume est égal à

$$\frac{1}{3}\pi H^2\left(\sqrt{2}-1\right)^2 H \quad \text{ou} \quad \frac{1}{3}\pi H^3\left(3-2\sqrt{2}\right).$$

Problème 44. *Dans un creuset en forme de cône tronqué dont le fond a 3 centimètres de diamètre, l'ouverture 6 centimètres et la hauteur 8 centimètres, on a fait fondre une certaine quantité de métal dont la surface a 5 centimètres de diamètre. On demande le volume de ce métal.*

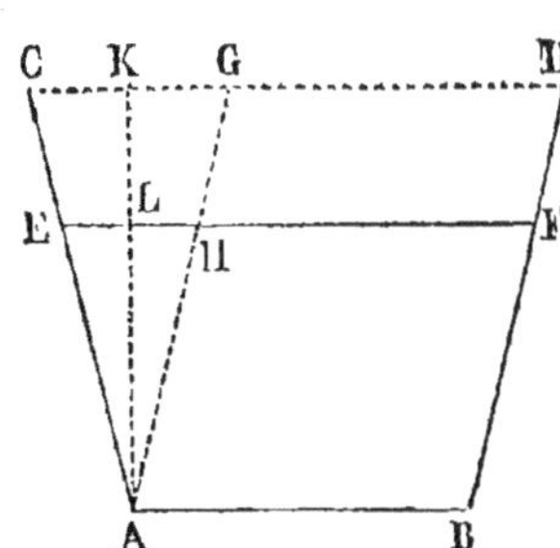

Soient ABCD une section du creuset faite suivant l'axe, et EF le diamètre de la surface du métal. Menons AG parallèle à BD et AK perpendiculaire à CD. Les triangles semblables ACG, AEH donnent

$$\frac{AL}{AK}=\frac{EH}{CG} \quad \text{ou} \quad \frac{AL}{8}=\frac{5-3}{6-3}=\frac{2}{3};$$

donc $\qquad AL=\dfrac{16}{3};$

ainsi le volume du métal est celui d'un tronc de cône ayant pour hauteur $\dfrac{16}{3}$ et dont les bases ont 3^{cm} et 5^{cm} de diamètre. Il est donc égal à

$$\frac{1}{3}\pi.\frac{16}{3}\left(\frac{9+25+15}{4}\right)=\frac{4}{9}\pi.49=\frac{196}{9}\pi \quad \text{ou} \quad 68^{cm.\,c.},417.$$

Problème 45. *Etant donnés la hauteur et les rayons d'un tronc de cône, H = 10, R = 18, et R' = 8, calculer la distance à la base inférieure d'une section qui serait moyenne proportionnelle entre les deux bases.*

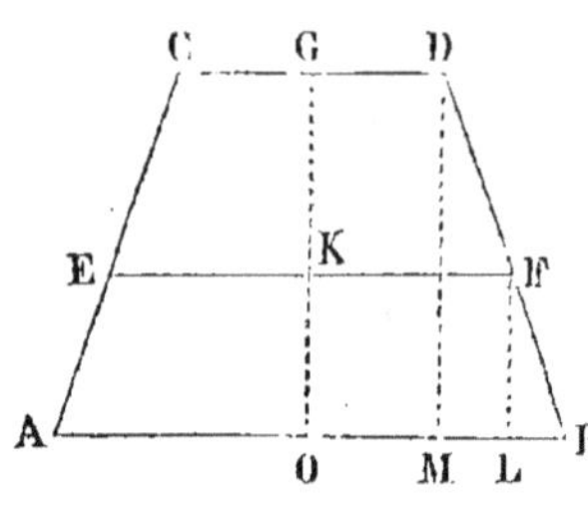

Soient ABDC une section méridienne du tronc, OB = R, GD = R', OG = H, OK = x, KF = y.

Les surfaces des bases sont πR^2, $\pi R'^2$, et celle de la section EF, πy^2; on a donc $\pi y^2 = \sqrt{\pi R^2 \times \pi R'^2} = \pi RR'$, ou simplement $y^2 = RR'$.

Si l'on mène les droites FL, DM, perpendiculaires sur OB, les triangles semblables BFL, BDM donnent

$$\frac{FL}{DM} = \frac{BL}{BM} \quad \text{ou} \quad \frac{x}{H} = \frac{R - y}{R - R'} \quad \text{d'où} \quad x = \frac{H(R - y)}{R - R'};$$

mais $y = \sqrt{RR'}$; donc $x = \dfrac{H(R - \sqrt{RR'})}{R - R'}$.

En remplaçant R, R' et H par les nombres donnés, on trouve $x = 6$.

Problème 46. *On donne les rayons R et R' et la hauteur H d'un tronc de cône, et l'on demande à quelle distance de la base inférieure il faut mener un plan pour que la surface du tronc soit divisée en deux parties égales.*

Soient ABDC une section méridienne du tronc, OB=R, GD=R', OG = H, OK = x, KF = y (Voyez la figure précédente.)

La surface du tronc AEFB est exprimée par $\pi(R + y)$ FB et la surface du tronc ABDC par $\pi(R + R')$BD; or, en menant FL et DM perpendiculaires à AB, on voit que FB $= \sqrt{x^2 + (R - y)^2}$ et BD $= \sqrt{H^2 + (R - R')^2}$; d'ailleurs la surface du tronc AEFB est la moitié de la surface du tronc ABDC; on a donc

$$\pi(R + y)\sqrt{x^2 + (R - y)^2} = \frac{1}{2}\pi(R + R')\sqrt{H^2 + (R - R')^2}$$

ou simplement

$$(R + y)\sqrt{x^2 + (R - y)^2} = \frac{1}{2}(R + R')\sqrt{H^2 + (R - R')^2}. \quad (A)$$

Mais les triangles semblables BFL, BDM donnent

$$\frac{LF}{DM} = \frac{BL}{BM} \text{ ou } \frac{x}{H} = \frac{R - y}{R - R'}, \text{ d'où } x = \frac{H(R - y)}{R - R'}.$$

Remplaçant x par cette valeur dans l'équation (A) il vient

$$(R + y)\sqrt{\frac{H^2(R - y)^2}{(R - R')^2} + (R - y)^2} = \frac{1}{2}(R + R')\sqrt{H^2 + (R - R')^2}$$

équation qui se réduit à

$$R^2 - y^2 = \frac{1}{2}(R^2 - R'^2), \text{ d'où } y = \sqrt{\frac{1}{2}(R^2 + R'^2)}.$$

Or, on a trouvé

$$x = \frac{H(R - y)}{R - R'};$$

par conséquent,

$$x = \frac{H\left(R - \sqrt{\frac{1}{2}(R^2 + R'^2)}\right)}{R - R'}.$$

Problème 47. *Les rayons* R *et* R' *des deux bases d'un tronc de cône sont donnés ainsi que sa hauteur* H. *Quelles sont les expressions de la surface et du volume du cône entier? On fera le calcul pour* R $= 7^m,3$, R' $= 3^m,5$ *et* H $= 2^m$.

Désignons par x la hauteur du cône entier; les rayons étant proportionnels à leurs distances au sommet nous aurons

$$\frac{x}{x - H} = \frac{R}{R'} \text{ d'où } \frac{x}{H} = \frac{R}{R - R'} \text{ et } x = \frac{RH}{R - R'}.$$

7

D'ailleurs, on a pour le côté A du cône,

$$A = \sqrt{x^2 + R^2} = \sqrt{\dfrac{R^2 H^2}{(R - R')^2} + R^2} = \dfrac{R}{R - R'}\sqrt{H^2 + (R - R')^2}.$$

La surface latérale πRA du cône entier est donc égale à

$$\pi R \dfrac{R}{R - R'}\sqrt{H^2 + (R - R')^2} \quad \text{ou} \quad \dfrac{\pi R^2}{R - R'}\sqrt{H^2 + (R - R')^2},$$

et son volume $\dfrac{1}{3}\pi R^2 x$ est exprimé par

$$\dfrac{1}{3}\pi R^2 \dfrac{RH}{R - R'} \quad \text{ou} \quad \dfrac{\pi R^3 H}{3(R - R')}.$$

Avec les données de l'énoncé on trouvera pour la surface 189^{mq},17 et pour le volume 214$^{\text{m. c.}}$,410.

Problème 48. *On a un vase cylindrique dont le rayon est de* 0$^\text{m}$,11 *et un cône qui a* 0$^\text{m}$,4 *de hauteur et* 0$^\text{m}$,09 *de rayon; si l'on plonge par le sommet une partie du cône dans de l'eau que contient le cylindre, et que le niveau de cette eau s'élève de* 0$^\text{m}$,017, *de combien la hauteur du cône plongera-t-elle dans l'eau?*

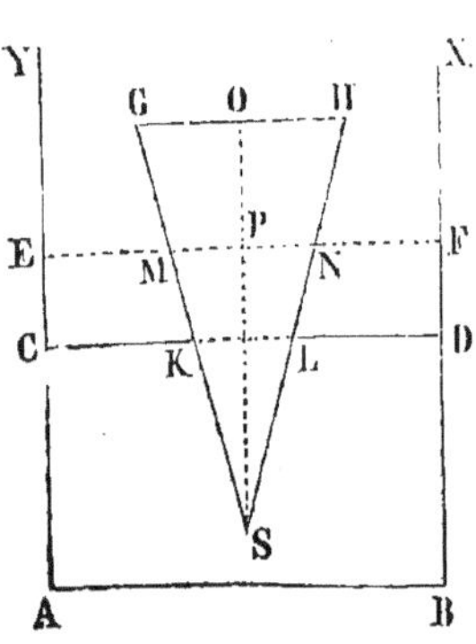

Soient ABXY et GHS les sections méridiennes du cylindre et du cône, CD le niveau de l'eau avant l'introduction du cône, EF le niveau quand le cône est en partie plongé dans l'eau.

Le volume de l'eau qui se trouve au-dessus du niveau CD est égal au volume du cône SKL qui se trouve au-dessous du même niveau ; par conséquent, le volume du cône SMN qui plonge dans l'eau est égal au volume de la tranche cylindrique CDFE, lequel est exprimé par $\pi\,(0,11)^2 \times 0,017$.

Or, si nous désignons par x la hauteur SP, nous aurons

$$\dfrac{NP}{OH} = \dfrac{x}{OS}, \quad \text{d'où} \quad NP = \dfrac{x \times 0,09}{0,4};$$

le volume de SMN peut donc être exprimé par

$$\frac{1}{3}\,\pi\,\frac{x^2 \times (0,09)^2}{(0,4)^2} \times x \quad \text{ou} \quad \frac{\pi x^3 \times (0,09)^2}{3\,(0,4)^2};$$

par conséquent, on doit avoir

$$\frac{\pi x^3 \times (0,09)^2}{3\,(0,4)^2} = \pi (0,11)^2 \times 0,017,$$

d'où

$$x = \sqrt[3]{\frac{(0,11)^2 \times 0,017 \times 3\,(0,4)^2}{(0,09)^2}}.$$

On trouve pour résultat $0^m,230$.

Problème 49. *Le diamètre d'un cercle est de 4^m ; une corde parallèle à ce diamètre est de 2^m. On demande quelle est la surface engendrée par cette corde en tournant autour du diamètre.*

Cette corde étant égale au rayon du cercle est le côté de l'hexagone régulier inscrit; sa distance au centre est donc exprimée par $\frac{1}{2}\,R\sqrt{3}$, ou simplement $\sqrt{3}$, puisque $R = 2$. Cette corde en tournant engendre la surface d'un cylindre ayant pour rayon $\sqrt{3}$ et pour hauteur 2; on aura donc

$$S = 2\pi\sqrt{3} \times 2 = 4\pi\sqrt{3} \quad \text{ou} \quad 21^{mq},765.$$

Problème 50. *Un triangle isocèle dont la base a est égale à la moitié de chacun des deux autres côtés tourne autour d'un axe extérieur situé dans son plan, passant par le sommet opposé à la base et faisant avec la hauteur du triangle un angle de 45°. On demande le volume du solide engendré par ce triangle.*

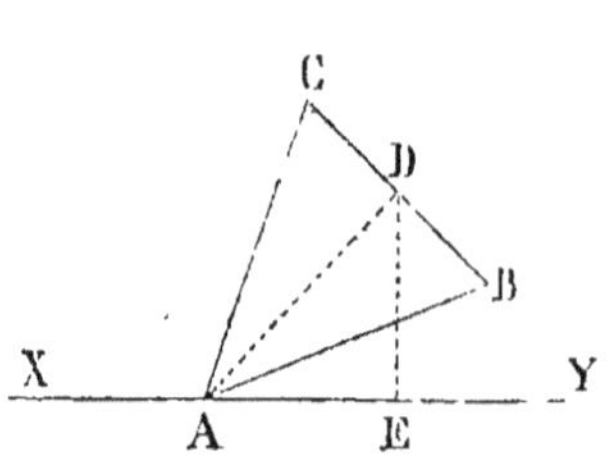

Le solide engendré par ABC a pour mesure $\frac{1}{3}$ surf. (BC) $\times$ AD, AD étant la hauteur du triangle. Or, on a

$$\text{surf. (BC)} = 2\pi\, DE \times BC\,;$$

d'ailleurs, l'angle DAY étant de 45°,

$$DE = AE = \sqrt{\frac{1}{2}\,\overline{AD}^2} = \frac{1}{2}\,AD\sqrt{2}.$$

Donc

$$\text{surf. (BC)} = 2\pi \times \frac{1}{2}\,AD\sqrt{2} \times BC = \pi\,AD \times BC\sqrt{2}.$$

Par conséquent,

$$\text{vol (ABC)} = \frac{1}{3}\,\pi\,\overline{AD}^2 \times BC\sqrt{2} = \frac{1}{3}\,\pi\left(\overline{AB}^2 + \overline{BD}^2\right)BC\sqrt{2}$$

$$= \frac{1}{3}\,\pi\left(4a^2 + \frac{a^2}{4}\right)a\sqrt{2} = \frac{17}{12}\,\pi a^3\sqrt{2}.$$

Problème 51. *Déterminer la surface et le volume du solide engendré par un hexagone régulier en tournant autour d'un de ses côtés.*

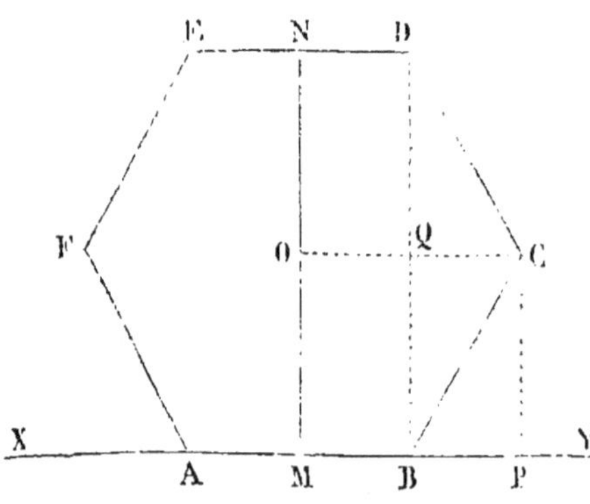

Soit l'hexagone régulier ABCDEF tournant autour du côté AB. Menons par son centre O le double apothème MN, tirons DB qui sera perpendiculaire sur XY, et menons CP perpendiculaire sur XY. Le côté de l'hexagone étant désigné par a, son apothème OM sera exprimé par $\frac{1}{2}\,a\sqrt{3}$.

1° *Détermination de la surface.* Le demi-côté ND engendre la surface d'un cylindre ayant pour hauteur ND ou $\frac{1}{2} a$ et pour rayon MN, ou $a\sqrt{3}$; cette surface est donc égale à

$$2\pi \cdot a\sqrt{3} \times \frac{1}{2} a, \quad \text{ou} \quad \pi a^2 \sqrt{3}.$$

Le côté DC engendre la surface d'un tronc de cône ayant pour côté DC ou a et pour rayons DB et CP qui sont égaux respectivement à $a\sqrt{3}$ et $\frac{1}{2} a\sqrt{3}$; cette surface est donc égale à

$$\pi \left(a\sqrt{3} + \frac{1}{2} a\sqrt{3} \right) a, \quad \text{ou} \quad \frac{3}{2} \pi a^2 \sqrt{3}.$$

Enfin le côté BC engendre la surface d'un cône qui a pour côté BC ou a et pour rayon CP ou $\frac{1}{2} a\sqrt{3}$; cette surface est donc exprimée par

$$\pi \frac{1}{2} a\sqrt{3} \times a, \quad \text{ou} \quad \frac{1}{2} \pi a^2 \sqrt{3}.$$

Ainsi, la surface engendrée par NDCB est égale à

$$\pi a^2 \sqrt{3} + \frac{3}{2} \pi a^2 \sqrt{3} + \frac{1}{2} \pi a^2 \sqrt{3}, \quad \text{ou} \quad 3\pi a^2 \sqrt{3}.$$

La surface engendrée par l'hexagone ABCDEF est, par conséquent, égale à $6\pi a^2 \sqrt{3}$.

2° *Détermination du volume.* Le rectangle MNDB engendre un cylindre ayant pour hauteur ND ou $\frac{1}{2} a$, et pour rayon MN ou $a\sqrt{3}$; ce volume est donc égal à $\pi \left(a\sqrt{3} \right)^2 \times \frac{a}{2}$ ou $\frac{3}{2} \pi a^3$.

Le triangle BCD engendre un volume qui est la différence entre les volumes engendrés par le trapèze BDCP et le triangle BCP. Le trapèze BDCP engendre un tronc de cône ayant pour hauteur BP qui est égal à CQ ou $\frac{1}{2} a$ et pour rayons BD et CP qui valent respectivement $a\sqrt{3}$ et $\frac{1}{2}a\sqrt{3}$; ce volume est donc égal à

$$\frac{1}{3}\pi\,\frac{1}{2}a\left(3\,a^3+\frac{3}{4}a^2+\frac{3}{2}a^2\right) \quad \text{ou} \quad \frac{1}{6}\pi a\left(3\,a^2+\frac{3}{4}a^2+\frac{3}{2}a^2\right).$$

Le volume engendré par le triangle BCP est exprimé par

$$\frac{1}{3}\pi\,\frac{1}{2}a\times\frac{3}{4}a^2, \quad \text{ou} \quad \frac{1}{6}\pi a\times\frac{3}{4}a^2.$$

Retranchant ce volume du précédent, il reste

$$\frac{1}{6}\pi a\left(3\,a^3+\frac{3}{2}a^2\right), \quad \text{ou} \quad \frac{3}{4}\pi a^3$$

pour le volume engendré par le triangle BCD.

Ainsi, le volume engendré par le demi-hexagone est exprimé par

$$\frac{3}{2}\pi a^3+\frac{3}{4}\pi a^3, \quad \text{ou} \quad \frac{9}{4}\pi a^3;$$

le volume engendré par l'hexagone est donc égal à $\frac{9}{2}\pi a^3$.

Problème 52. *Dans une sphère on inscrit un cube, puis dans ce cube on inscrit une seconde sphère. Quel est le rapport des volumes des deux sphères?*

Le point de rencontre des diagonales d'un cube est également distant de ses huit sommets; par conséquent, quand le cube est inscrit dans une sphère, ce point coïncide avec le centre de la sphère, de sorte que le cube a pour diagonale le diamètre 2R de la sphère.

Il en résulte que, x désignant le côté du cube, on a

$$3\,x^2=(2R)^2=4R^2, \quad \text{d'où} \quad x=\frac{2R}{\sqrt{3}}.$$

Or, la sphère inscrite dans le cube a pour rayon la moitié du côté du cube ou $\dfrac{R}{\sqrt{3}}$; par conséquent, le rapport des volumes des deux sphères est égal à

$$R^3 : \left(\frac{R}{\sqrt{3}}\right)^3 \quad \text{ou} \quad 3\sqrt{3}.$$

Problème 53. *Étant donné le côté d'un tétraèdre régulier, calculer le rayon de la sphère inscrite et le rayon de la sphère circonscrite au tétraèdre.*

Soient a le côté du tétraèdre, R le rayon de la sphère circonscrite et r le rayon de la sphère inscrite.

Le rayon R de la sphère circonscrite est l'hypoténuse d'un triangle rectangle ayant pour côtés de l'angle droit le rayon r de la sphère inscrite et le rayon $\dfrac{a}{\sqrt{3}}$ du cercle circonscrit à une face du tétraèdre. On a donc

$$R^2 = r^2 + \frac{a^2}{3}.$$

De plus, le volume du tétraèdre égal au produit de sa base B par le tiers de sa hauteur H, est aussi exprimé par le produit de sa surface 4B par les tiers du rayon r de la sphère inscrite; par conséquent $r = \dfrac{1}{4} H$.

Mais on a aussi $R + r = H$; par conséquent, $R = \dfrac{3}{4} H = 3r$.

Au moyen de cette relation, l'égalité

$$R^2 = r^2 + \frac{a^2}{3}$$

devient

$$9r^2 = r^2 + \frac{a^2}{3}$$

ou

$$8r^2 = \frac{a^2}{3};$$

il en résulte $r = \dfrac{1}{12} a\sqrt{6}$, puis $R = \dfrac{1}{4} a\sqrt{6}.$

Problème 54. *Diviser par deux plans parallèles la surface d'une sphère en trois parties qui forment une progression géométrique dont la raison soit égale à* $\sqrt{2}$.

Les trois parties cherchées doivent être proportionnelles aux nombres 1, $\sqrt{2}$ et $(\sqrt{2})^2$ ou 2. Or, sur une même sphère les zones sont proportionnelles à leurs hauteurs ; par conséquent, les hauteurs des zones cherchées sont proportionnelles aux nombres 1, $\sqrt{2}$ et 2 ; on les obtiendra donc en divisant le diamètre de la sphère en trois parties proportionnelles aux nombres 1, $\sqrt{2}$ et 2.

Problème 55. *Dans une sphère dont le rayon est de* 13^m *on mène deux plans parallèles du même côté du centre, et ces deux plans déterminent une zone dont la surface est de* 100^{mq} ; *le plan le plus rapproché du centre en étant distant de* 1^m, *on demande l'aire de la section déterminée par le second plan.*

Soient R le rayon de la sphère, Z l'aire de la zone, H sa hauteur et a la distance du premier plan au centre de la sphère ; on a $2\pi\mathrm{RH} = \mathrm{Z}$, d'où $\mathrm{H} = \dfrac{\mathrm{Z}}{2\pi\mathrm{R}}$.

La distance $a + \mathrm{H}$ du second plan au centre de la sphère est donc égale à $a + \dfrac{\mathrm{Z}}{2\pi\mathrm{R}}$. Par conséquent, en désignant par y le rayon de la section déterminé par le second plan, on aura

$$y^2 = \mathrm{R}^2 - \left(a + \frac{\mathrm{Z}}{2\pi\mathrm{R}}\right)^2 = \left(\mathrm{R} + a + \frac{\mathrm{Z}}{2\pi\mathrm{R}}\right)\left(\mathrm{R} - a - \frac{\mathrm{Z}}{2\pi\mathrm{R}}\right) ;$$

la surface πy^2 de cette section est donc égale à

$$\pi\left(\mathrm{R} + a + \frac{\mathrm{Z}}{2\pi\mathrm{R}}\right)\left(\mathrm{R} - a - \frac{\mathrm{Z}}{2\pi\mathrm{R}}\right).$$

En substituant les nombres de l'énoncé, on trouve

$$\pi y^2 = \pi \times 15{,}2243 \times 10{,}7757 = 516^{mq}{,}57.$$

Problème 56. *Connaissant la surface totale d'un segment sphérique à une base et le rayon de la sphère, calculer la hauteur du segment.*

Soient S la surface donnée, R le rayon de la sphère et x la hauteur du segment. Le rayon de la base sera

$$\sqrt{x\,(2\,R - x)} \text{ ou } \sqrt{2\,R\,x - x^2}\,;$$

la surface de la zone aura pour expression $2\,\pi\,R\,x$, et celle de la base sera

$$\pi\,(2\,R\,x - x^2) \text{ ou } 2\,\pi\,R\,x - \pi\,x^2\,;$$

par suite, on aura l'équation

$$4\,\pi\,R\,x - \pi\,x^2 = S \text{ ou } x^2 - 4\,R\,x + \frac{S}{\pi} = 0,$$

d'où l'on tire

$$x = 2\,R \pm \sqrt{4\,R^2 - \frac{S}{\pi}}.$$

Pour que le problème soit possible, on doit avoir

$$\frac{S}{\pi} < 4\,R^2 \text{ ou } S < 4\,\pi\,R^2,$$

c'est-à-dire que la surface donnée doit être plus petite que la surface de la sphère, ce qui est évident *a priori*. De plus x doit être plus petit que $2\,R$; par conséquent, la seconde valeur répond seule à la question.

Problème 57. *Les deux faces d'une lentille biconvexe ont même courbure ; son diamètre est de 15 centimètres et son épaisseur est de 4 centimètres. On demande le volume de cette lentille.*

Son volume est égal à 2 fois le volume du segment sphérique

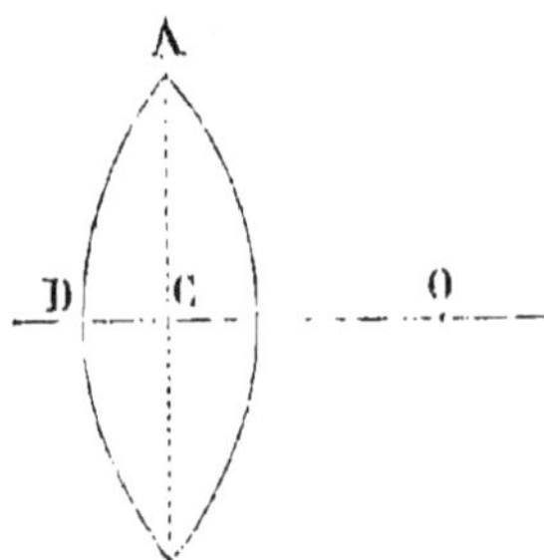

ADB ayant pour base un cercle dont le diamètre AB est de 15 centimètres et une hauteur CD égale à 2 centimètres. Or, on a, en désignant le rayon OD par R,

$$\overline{AC}^2 = CD\,(2\,R - CD)$$

ou

$$\frac{225}{4} = 2\,(2\,R - 2)\,;$$

par conséquent,

$$R = \frac{225}{16} + 1 = \frac{241}{16}.$$

Il en résulte que le volume du segment ADB est exprimé par

$$\pi \times 4 \times \left(\frac{241}{16} - \frac{2}{3}\right) \text{ ou } \frac{1}{12}\,\pi \times 691.$$

Le volume de la lentille est donc égal à

$$\frac{1}{6}\,\pi \times 691.$$

On trouve pour résultat 361^{cm},807.

Problème 58. *De tous les cônes inscrits dans une sphère, quel est celui dont le volume est maximum? Quel est celui dont la surface latérale est maximum?*

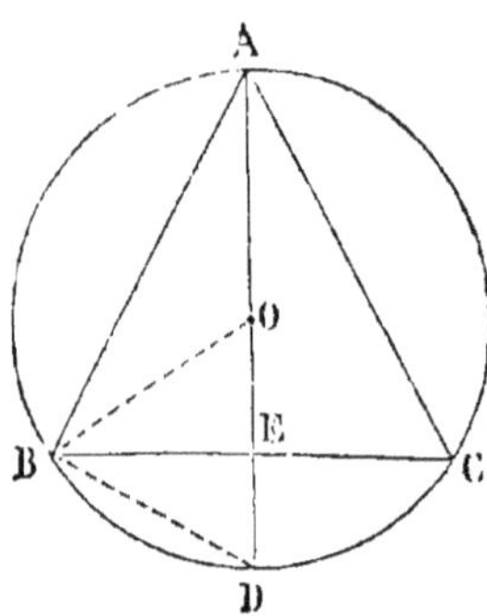

Soit ABC un grand cercle de la sphère. Inscrivons-y un triangle isocèle ABC, et menons le diamètre AD perpendiculaire au côté BC. Le demi-cercle ABD en tournant autour de AD engendrera la sphère, en même temps que le demi-triangle ABE engendrera un cône inscrit dans la sphère. Si nous désignons le rayon de la sphère par R et par x la distance OE du centre de la sphère à la base du cône, le volume du cône sera exprimé par $\frac{1}{3} \pi \overline{BE}^2 (R+x)$. Or, $\overline{BE}^2 = \overline{OB}^2 - \overline{OE}^2$

$= R^2 - x^2$; donc le volume du cône est égal à $\frac{1}{3} \pi (R^2 - x^2)(R + x)$

ou $\frac{1}{3} \pi (R - x) (R+x)^2$.

La somme des facteurs $R - x$ et $R + x$ étant égal et à $2R$, quantité constante, le volume du cône sera maximum, lorsqu'on aura $R - x = \frac{R + x}{2}$, c'est-à-dire $x = \frac{1}{3} R$; la hauteur du cône est alors égale à $R + \frac{1}{3} R$ ou $\frac{4}{3} R$, c'est-à-dire des $\frac{2}{3}$ du diamètre de la sphère, et son volume est exprimé par $\frac{32}{81} \pi R^3$.

La surface latérale du cône engendré par ABE est égale à $\pi\, BE \times AB$; or, $BE = \sqrt{R^2 - x^2}$ et $AB = \sqrt{AD \times AE} = \sqrt{2R (R+x)}$; donc la surface latérale du cône est exprimée par

$$\pi \sqrt{R^2 - x^2}\, \sqrt{2R (R+x)} \text{ ou } \pi \sqrt{2R (R - x)(R + x)^2},$$

quantité qui prend sa valeur maximum en même temps que $(R - x) (R + x)^2$. Cette quantité est celle que nous venons de considérer en traitant la question du volume; par conséquent, le cône de volume maximum est aussi le cône de surface latérale maximum. En remplaçant x par $\frac{1}{3} R$, on trouve que cette surface maximum est exprimée par $\frac{8}{9} \pi R^2 \sqrt{3}$.

––––––––––

Problème 59. *Inscrire dans une sphère donnée un cône dont le volume soit équivalent à celui du segment sphérique opposé à la base du cône.* (Voir la figure précédente.)

Soit $OE = x$ la distance de la base du cône au centre de la sphère dont le rayon $OA = R$; la hauteur du cône AE sera égale à $R + x$, la hauteur DE du segment opposé sera $R - x$ et le rayon BE de la base du cône sera exprimé par $\sqrt{R^2 - x^2}$.

Le volume du cône ABC est égal à

$$\frac{1}{3} \pi \, \overline{BE}^2 \times AE \text{ ou } \frac{1}{3} \pi \, (R^2 - x^2)(R + x);$$

et celui du segment est exprimé par

$$\pi \, (R - x)^2 \left[R - \frac{1}{3}(R - x)\right] \text{ ou } \frac{1}{3} \pi \, (R - x)^2 (2R + x);$$

on doit donc avoir :

$$\frac{1}{3} \pi \, (R^2 - x^2)(R + x) = \frac{1}{3} \pi \, (R - x)^2 (2R + x),$$

ou, en supprimant les facteurs $\frac{1}{3} \pi$ et $R - x$,

$$(R + x)^2 = (R - x)(2R + x).$$

On en déduit successivement,

$$R^2 + 2Rx + x^2 = 2R^2 - Rx - x^2$$

$$2x^2 + 3Rx - R^2 = 0$$

$$x = \frac{1}{4}\left(-3R \pm \sqrt{9R^2 + 8R^2}\right) = \frac{1}{4} R \left(-3 \pm \sqrt{17}\right).$$

La solution négative étant plus grande que R en valeur absolue ne peut pas convenir à la question; on a donc seulement

$$x = \frac{1}{4} R \left(\sqrt{17} - 3\right).$$

REMARQUE. La solution $x = R$ fournie par le facteur $R - x$ qu'on a supprimé, ne convient pas non plus à la question, car le rapport entre le volume du cône et celui du segment est égal à $\dfrac{(R + x)^2}{(R - x)(2R + x)}$, et ce rapport est infiniment grand, quand x diffère infiniment peu de R.

PROBLÈMES

DE TRIGONOMÉTRIE.

Problème 1. *Calculer la corde de l'arc de* 47° 12' 27",9 *dans un cercle dont le rayon est de* 19^m,43.

En joignant au centre du cercle le milieu et l'extrémité d'une corde, on a un triangle rectangle par lequel on voit immédiatement que la moitié d'une corde qui soustend un arc a est égale au produit du rayon par sin. $\frac{1}{2}a$. La corde cherchée est donc égale à

$$2 \times 19,43 \times \sin. \frac{1}{2} (47° 12' 27'',9)$$

ou

$$38,86 \times \sin. 23° 36' 13'',95.$$

$$\log. 38,86 = 1,5895028$$

$$\log. \sin. 23° 36' 13'',95 = \overline{1},6025060$$

$$\overline{1,1920088}$$

$$x = 15,56$$

Problème 2. *Etant donné un arc* AB *de* 83° 20' *dans un cercle ayant* 2^m,5 *de rayon, calculer la surface du triangle* ABC *formé par la corde qui soustend cet arc et par les deux cordes qui joignent les extrémités de la première au milieu* C *de l'arc.*

8

Le triangle ABC a pour mesure

$$\frac{1}{2} \, AC \times BC \sin. C, \quad \text{ou} \quad \frac{1}{2} \, \overline{AC}^2 \sin. C.$$

La graduation de l'angle C est égale à

$$\frac{1}{2} \, (360^\circ - 83^\circ 20') \quad \text{ou} \quad 180^\circ - 41^\circ 40' ;$$

par conséquent sin. C = sin. 41° 40'.
   De plus,

$$AC = 2 \, R \sin. \frac{1}{2} \, (41^\circ 40').$$

Donc la surface du triangle ABC est exprimée par

$$2 \, R^2 \sin.^2 \frac{1}{2} \, (41^\circ 40') \sin. 41^\circ 40'.$$

$$\log. 2 = 0,3010300$$
$$2 \log. 2,5 = 0,7958800$$
$$2 \log. \sin. 20^\circ 50' = \overline{1},1020474$$
$$\log. \sin. 41^\circ 40' = \overline{1},8226883$$
$$\overline{0,0216457}$$
$$ABC = 1^{mq},0511.$$

Problème 3. *Calculer l'aire d'un polygone régulier de 17 côtés inscrit dans un cercle dont le rayon est de 17^m,475.*

L'arc soustendu par le côté de ce polygone est égal à

$$\frac{360^\circ}{17} \quad \text{ou} \quad 21^\circ 10' 35'',3 ;$$

c'est aussi la valeur de l'angle au centre. Or, si l'on joint les sommets du polygone au centre du cercle, sa surface sera décomposée en 17 triangles dont chacun a pour mesure

$$\frac{1}{2}\,(17,475)^2\, \sin.\ 21^\circ\,10'\,35'',3.$$

Par conséquent, la surface cherchée est égale à

$$\frac{1}{2} \times 17 \times (17,475)^2\, \sin.\ 21^\circ\,10'\,35'',3.$$

$$
\begin{aligned}
\log.\ 17 &= 1,2304489 \\
2\ \log.\ 17,475 &= 2,4848344 \\
\log.\ \sin.\ 21^\circ\,10'\,35'',3 &= \overline{1},5577979 \\
\log.\ 2 &= 0,3010300- \\
\hline
&\ \ 2,9720512 \\
S &= 937^{\mathrm{m}},67.
\end{aligned}
$$

Problème 4. *Calculer l'aire d'un segment dont l'arc est de 80° 17′ 47″ dans un cercle ayant 0ᵐ,967 de rayon.*

L'aire d'un segment est la différence entre l'aire du secteur correspondant au même arc et l'aire du triangle compris entre la corde et les rayons menés aux extrémités de cette corde.

L'arc donné contenant 289067 secondes, l'aire du secteur est exprimée par $\dfrac{\pi\,\mathrm{R}^2 \times 289067}{1296000}$, et celle du triangle est égale à

$$\frac{1}{2}\,\mathrm{R}^2\, \sin\ 80^\circ\,17'\,47''.$$

Calculons chacune de ces surfaces.

$$
\begin{aligned}
\log \pi &= 0,4971499 \\
2\ \log 0,967 &= \overline{1},9708530 \\
\log.\ 289067 &= 5,4609986 \\
\log.\ 1296000 &= 6,1126050\ - \\
\hline
&\ \ \overline{1},8163965. \\
\text{secteur} &= 0,65523.
\end{aligned}
$$

$$2 \log. 0,967 = \overline{1},9708530$$

$$\log. \sin 80^\circ 17' 47'' = \overline{1},9937416$$

$$\log. 2 = 0,3010300 -$$

$$\overline{1},6635646$$

$$\text{triangle} = 0,46085.$$

$$\text{Segment} = 0,65523 - 0,46085 = 0^{mq},19438.$$

———

Problème 5. *Quelle est la longueur du parallèle passant par Paris?* (La latitude de Paris est de 48° 50' 11'',5.)

Un parallèle a pour diamètre la corde qui soustend le double de l'arc méridien compris entre le pôle et ce parallèle, laquelle est exprimée par $2R \sin (90^\circ - L)$, L désignant la latitude du parallèle. La circonférence de ce parallèle est donc exprimée par $2\pi R \sin (90^\circ - L)$ ou $2\pi R \cos L$. Or, on sait que $2\pi R = 40000000^m$; donc le parallèle passant par Paris a une longueur de

$$40000000^m \times \cos 48^\circ 50' 11'',5$$

$$\log. 40000000 = 7,6020600$$

$$\log. \cos 48^\circ 50' 11'',5 = \overline{1},8183643$$

$$\log. x = 7,4204243$$

$$x = 26328400^m.$$

———

Problème 6. *Quelle différence y a-t-il sur la surface de la terre entre un arc méridien de 10000 mètres et sa corde?*

Considérons la moitié de l'arc donné; désignons-la par A et le rayon terrestre par R; un arc semblable dans un cercle de rayon 1 sera exprimé par $\dfrac{A}{R}$, et, d'après la formule $a - \sin a < \dfrac{1}{4} a^3$, nous aurons

$$\frac{A}{R} - \sin \frac{A}{R} < \frac{1}{4} \frac{A^3}{R^3},$$

et, en multipliant par 2R,

$$2A - 2R \sin \frac{A}{R} < \frac{1}{2} \frac{A^3}{R^2}.$$

Or, $2R \sin \frac{A}{R}$ est l'expression de la corde qui soustend l'arc $2A$; donc la différence entre l'arc $2A$ et sa corde est moindre que $\frac{1}{2} \frac{A^3}{R^2}$. Dans le problème actuel ,

$$R = \frac{20000000}{\pi}, \quad R^2 = \frac{4 \times 10^{14}}{\pi^2} \quad \text{et } A = 5000^m ;$$

donc

$$\frac{1}{2} \frac{A^3}{R^2} = \frac{125 \times 10^9 \times \pi^2}{2 \times 4 \times 10^{14}} = \frac{125\, \pi^2}{8 \times 10^5}.$$

Or, π^2 étant moindre que 10, $125\, \pi^2$ est moindre que 1600 ; par conséquent, l'expression précédente est moindre que $\frac{2}{10^3}$. La différence entre l'arc de 10000 mètres et sa corde est donc moindre que 2 millimètres.

PROBLÈMES A RÉSOUDRE.

PROBLÈMES D'ARITHMÉTIQUE.

1. Les bénéfices de l'exploitation d'une mine se partagent également tous les ans entre 20 actions de deux frères auxquels cette mine appartient. L'aîné avait 11 de ces actions et le cadet les 9 autres. A la mort des deux frères, leurs successions sont partagées en 16 parties égales pour l'aîné et en 13 pour le cadet, et ces diverses parts sont mises en vente au même prix. Si l'on veut acheter une part d'héritage, dans quelle succession est-il préférable de la prendre ?

2. Deux mobiles parcourent une circonférence, le premier dans $27^{jours}{,}32166$, et le second dans $365^{jours}{,}25638$. On demande dans combien de jours se fera la première rencontre, si les deux mobiles partent du même point.

3. Une roue qui a 14 dents, tourne de 5 dents en 9 secondes, et une seconde roue fait 21 tours pendant que la première en fait 25. Combien la seconde roue fera-t-elle de tours en 3 heures 7 minutes? (Réduction à l'unité.)

4. Une locomotive a fait en six ans 269045 kilomètres avec une vitesse moyenne de 52 kilomètres par heure. La consommation d'une locomotive étant de 360 kilogrammes de coke par heure, et le coke revenant à $3^{fr}{,}15$ les 100 kilog., quelle est la valeur du coke consommé par la locomotive pendant les six ans ?

5. On a deux cadrans, l'un décimal, l'autre duodécimal ; quelle heure doit marquer le premier lorsque le second indique 5 heures 17 minutes 29 secondes? On sait que le cadran décimal est divisé en 10 heures, que l'heure vaut 100 minutes et la minute 100 secondes.

6. Une usine à gaz doit alimenter 2600 becs pendant 1440 heures ; chaque bec consomme par heure 130 litres de gaz, et l'on sait que la distillation de la houille donne 20 mètres cubes de gaz par hectolitre de houille pesant 80 kilogrammes. Cette usine fait venir la houille par chemin de fer sur un parcours de

15 myriamètres 88 hectomètres. La houille prise à la mine coûte 0^{fr},90 les 100 kilog.; le droit de transport sur le chemin de fer est de 0^{fr},095 par tonne et par kilomètre, et l'on paye en outre un droit fixe de 1^{fr},75 par wagon contenant 35 hectolitres. Combien l'usine payera-t-elle pour le charbon dont elle a besoin?

7. Borda a trouvé que la longueur du pendule simple qui bat la seconde à Paris est de 440^{lig},5593. Réduire cette longueur en millimètres.

8. On sait que 12° 15′ 37″ d'un cercle valent 17° 9′ 21″ d'un autre cercle ; combien faudra-t-il de degrés du premier cercle pour faire 72° 42″ du second cercle?

9. On sait que sur un cercle la longueur d'un arc de 97° 21′ 47″,5 vaut 9^m,17. Quelle est la graduation d'un arc dont la longueur est de 7^m,3?

10. On a traité dans une usine 4173997 kilog. de minerai ; ils ont donné 1438522 kilog. de plomb et 4087 kilog. d'argent. L'argent est estimé 220 fr. le kilog., et il se trouve que de 100 kilog. de minerai, on retire de l'argent et du plomb pour une valeur de 35 fr. 75. On demande le prix du kilog. de plomb.

11. On paye les bougies stéariques 2 fr. 90 le kilogramme. Combien doit-on payer des bougies qui, éclairant de la même manière, sont telles que l'une d'elles met à brûler les $\frac{2}{3}$ du temps employé par une bougie stéarique dont le poids n'est d'ailleurs que les $\frac{4}{5}$ du poids de l'autre bougie?

12. Trois grandeurs A,B,C dépendent l'une de l'autre ; on sait que A est inversement proportionnelle à B, quand C ne varie pas, et que A est aussi inversement proportionnelle à C, quand B ne varie pas. On demande comment varient les grandeurs B et C, quand A ne varie pas.

13. La dépense d'exploitation sur un chemin de fer a été pendant un an de 6677680^{fr},15 et la recette de 20272860^{fr},34 ; il faut d'ailleurs ajouter aux frais l'intérêt à 5 pour 100 d'un capital de 192 millions engagé dans l'exploitation. Le transport sur ce chemin étant représenté par 392819691 voyageurs transportés à 1 kilomètre, on demande le bénéfice fait sur chaque voyageur?

14. En extrayant la racine carrée d'un nombre à moins d'une unité, on a trouvé pour racine 2948 et pour reste $5774\frac{2}{3}$. On demande de continuer l'opération de manière à obtenir la racine à moins de $\frac{1}{512}$.

15. Un négociant expédie en Amérique des marchandises pour 35700 francs, et il veut les faire assurer pour une somme telle que, en cas de sinistre, il soit remboursé de la valeur des marchandises et de la prime d'assurance. Quelle somme doit-il faire assurer, la prime d'assurance étant de 4,75 pour 100 ?

16. Une personne qui doit 5000 francs remet à son créancier un billet de 4200 francs, payable dans 4 mois ; le taux de l'escompte commercial étant supposé de 6 pour 100, combien cette personne doit-elle ajouter d'argent comptant pour acquitter sa dette ?

17. Une personne qui avait emprunté 6000 francs à intérêt simple s'est libérée en 10 ans du capital et des intérêts en payant 800 francs à la fin de chaque année. A quel taux avait-elle emprunté ?

18. Un nombre a été partagé en quatre parties proportionnelles aux nombres 10, 12, 15, 18, et il se trouve que la somme des deux dernières parties surpasse de 88 la somme des deux premières. Quel est ce nombre ?

19. Partager le nombre 120 en trois parties qui soient inversement proportionnelles aux nombres 2, $3\frac{1}{3}$ et $4\frac{5}{6}$.

20. D'après la troisième loi de Képler, les carrés des temps des révolutions sidérales des planètes sont proportionnels aux cubes de leurs distances moyennes au soleil. La terre faisant sa révolution sidérale en 365 jours $\frac{1}{4}$, et sa distance au soleil étant prise pour unité, on demande quelle est la durée de la révolution sidérale d'une planète dont la distance moyenne au soleil est exprimée par 2,5774?

PROBLÈMES D'ALGÈBRE.

1. Deux mobiles partent en même temps d'un même point, le premier avec une vitesse de 354^m par heure, le second avec une vitesse de 798^m, et ils suivent la même droite dans le même sens. Un troisième mobile part du même point, 12 heures après les autres, avec une vitesse de 650^m par heure, et suit le même chemin que les deux premiers. On demande à quelle époque il se trouvera entre les deux autres mobiles, à égale distance de chacun d'eux ?

2. Un mètre cube de plomb pèse a et un mètre cube d'étain pèse b. On demande dans quel rapport il faut allier ces deux métaux pour que le mètre cube d'alliage pèse c ?

3. On a deux mélanges formés chacun de deux substances différentes A et B. Le premier contient a grammes de la substance A, et b grammes de la substance B; le second contient a' et b' grammes de ces mêmes substances. On demande combien il faut prendre de chacun de ces deux mélanges pour en former un troisième qui contienne m grammes de A et n grammes de B.

4. Une somme a devait être distribuée également entre un certain nombre de personnes; on la distribue ensuite entre un nombre de personnes qui surpasse le premier de n, ce qui diminue de b la part de chaque personne. On demande le nombre des partageants.

5. Résoudre les deux équations

$$\frac{x^2 + y^2}{x + y} = \frac{17}{4}, \quad \frac{x^2 + y^2}{x - y} = 17.$$

6. Résoudre et discuter pour les différentes valeurs qu'on peut donner à a et b le système des deux équations

$$x^2 + xy + y^2 = a^2$$
$$x + y = b.$$

7. Résoudre chacune des équations

$$\sqrt{\frac{a}{a-x}} - \sqrt{\frac{a}{a+x}} = 1.$$

$$x - a\sqrt{x} = c^2 + a\sqrt{x} - a^2.$$

8. Déterminer les conditions auxquelles doivent satisfaire a et b pour que les équations

$$x - y = ab, \quad \sqrt{x} + \sqrt{y} = a$$

admettent pour x et y des valeurs entières et positives.

9. Partager un nombre A en deux parties dont les carrés soient proportionnels à deux nombres donnés a et b.

10. Résoudre et discuter le système des deux équations

$$xy + \frac{x}{y} = a,$$

$$xy - \frac{x}{y} = b.$$

11. L'équation

$$x^4 - (a^2 + b^2)\, x^2 + a^2 b^2 = 0$$

est satisfaite par quatre valeurs de x. Quelles sont ces valeurs?

12. Résoudre les deux équations

$$x^2 + y^2 = a$$

$$xy\,(xy - 2\,c) = b.$$

Calculer les racines pour $a = 29$, $b = 40$ et $c = 3$.

13. Résoudre les deux équations

$$3\,xy - 5\,x^2 + 4\,x - 3 = 0$$

$$2\,xy - 7\,x + 5 = 0$$

14. Résoudre chacune des équations

$$8^x + \frac{32}{8^x} = 18.$$

$$5^{x-1} = 2 + \frac{3}{5^{x-2}}.$$

15. Deux voyageurs partent en même temps de deux points A et B, dont la distance est d, l'un de A vers B, l'autre de B vers A ; leurs vitesses sont uniformes et dans un rapport tel que le premier arrive en B h heures après qu'ils se sont rencontrés, et que le second arrive en A h' heures après cette rencontre. On demande à quelles distances des points A et B ils se sont rencontrés et après combien d'heures.

16. On propose de réduire en une seule fraction l'expression suivante

$$\frac{15 + \sqrt{10}}{15 - \sqrt{10}} + \frac{30 - \sqrt{10}}{30 + \sqrt{10}}$$

et d'en calculer la valeur à moins de 0,01.

17. La somme de deux nombres est 63, et celle de leurs rapports direct et inverse est 2,05. Quels sont ces deux nombres ?

18. La somme de deux nombres est a, et la différence de leurs cubes est b^3. Quels sont ces deux nombres ?

19. D'un vase qui contient 200 litres de vin, on retire un litre de vin qu'on remplace par un litre d'eau ; le lendemain on retire encore un litre du vase et on le remplace également par un litre d'eau ; cette substitution ayant été faite pendant 20 jours, on demande quelle est la quantité de vin qui reste dans le vase ?

20. Une somme de 2000 francs est payable dans 1 an ; une somme de 3000 francs est payable dans 2 ans et une somme de 4000 francs est payable dans 5 ans. On veut remplacer ces trois sommes par une seule payable dans 4 ans. Quel sera le montant de cette somme ? Le taux est de 5 pour 100, et l'on tient compte des intérêts composés.

PROBLÈMES DE GÉOMÉTRIE.

PROBLÈMES DE GÉOMÉTRIE PLANE.

1. Plusieurs droites situées dans le même plan et telles qu'il n'en existe pas de parallèles ni plus de deux concourantes au même point, se rencontrent en a points. Déterminer le nombre de ces droites.

2. Trouver l'angle d'un polygone équiangle de 17 côtés. Y a-t-il dans un pareil polygone deux côtés parallèles? Trouver le plus petit angle que forment deux côtés prolongés.

3. Calculer en fonction des côtés d'un triangle : 1° les trois hauteurs; 2° les trois médianes.

4. Construire sur une base donnée AB un rectangle tel que si l'on joint les milieux des côtés perpendiculaires à AB la figure soit divisée en deux rectangles semblables au rectangle total.

5. Calculer l'aire d'un trapèze sachant que sa hauteur est égale à la demi-somme de ses bases, que la différence entre les deux bases est 1 mètre, et que la plus grande base est égale à l'hypoténuse d'un triangle rectangle dont les deux côtés de l'angle droit seraient la petite base et la hauteur du trapèze.

6. Dans un trapèze on joint le milieu de l'un des côtés non parallèles aux extrémités du côté opposé. Quel est le rapport entre la surface du triangle ainsi formé et celle du trapèze?

7. Un terrain a la forme d'un trapèze isocèle dont les bases sont égales à 100^m et 40^m et le côté à 50^m. On demande : 1° la surface de ce terrain en ares; 2° la surface du terrain triangulaire qu'on obtiendrait en ajoutant au trapèze le triangle partiel formé par le concours des côtés non parallèles.

8. Partager un triangle en parties proportionnelles à des nombres ou à des droites données m, n, p, q, par des droites parallèles à l'un des côtés.

9. Un triangle équilatéral a pour côté 2 mètres. De chacun des sommets comme centre, et avec un mètre pour rayon, on décrit un cercle ; on a ainsi trois cercles égaux et tangents. On demande : 1° de construire le cercle qui les enveloppe et celui qu'ils enveloppent tangentiellement ; 2° d'évaluer les rayons de ces deux nouveaux cercles et de prendre leur moyen géométrique ; 3° de comparer ce rayon moyen avec le rayon du cercle inscrit au triangle.

10. Exprimer en fonction des côtés d'un triangle : 1° le rayon du cercle inscrit ; 2° les rayons des trois cercles ex-inscrits ; 3° le rayon du cercle circonscrit.

11. Un terrain est limité par un polygone dont le périmètre est de 432 mètres ; ce polygone est irrégulier, mais tous ses côtés sont tangents à un même cercle dont le rayon a 54 mètres. On demande quelle est en mètres carrés la surface du terrain et quel serait le côté d'un carré équivalent.

12. Lorsque le rayon d'un cercle est augmenté de 1 centimètre, sa surface augmente de 1 décimètre carré. Quel est le rayon de ce cercle ?

13. On propose de carreler une salle rectangulaire ayant $6^m,935$ de longueur et $5^m,10$ de largeur avec des carreaux hexagones réguliers de $0^m,1$ de côté, en remplissant le vide aux angles et sur les côtés de la salle par des fragments de carreaux convenablement découpés. Quel sera, à moins d'une unité, le nombre de carreaux nécessaires ?

14. Exprimer en fonction du rayon le côté et la surface de chacun des polygones réguliers circonscrits de 4, 8, 3, 6 et 12 côtés.

15. Etant donné un cercle, calculer le rayon d'un cercle concentrique tel que le triangle équilatéral inscrit à celui-ci soit équivalent à l'anneau circulaire.

16. On donne une couronne circulaire comprise entre deux circonférences concentriques ; la surface de cette couronne est de 4 mètres carrés, et la différence des rayons des deux circonférences est de $0^m,405$. On demande les longueurs de ces rayons :

17. Un secteur de cercle a une surface de 25 décimètres carrés et son arc a 12 décimètres. Quelle est la valeur de l'angle au centre?

18. Calculer en hectares la surface du segment compris entre un arc de 60° et sa corde dans un cercle dont le rayon est de 876 mètres.

19. Les côtés de trois octogones réguliers ont respectivement 3^m, 4^m et 12^m. On demande quel devra être le côté d'un autre octogone régulier pour qu'il soit équivalent à la somme des trois octogones donnés.

20. Quel est le plus grand rectangle qu'on puisse inscrire dans un cercle?

PROBLÈMES SUR LES SOLIDES.

21. Calculer à moins d'un centimètre les dimensions d'un parallélépipède rectangle, sachant qu'elles sont proportionnelles aux nombres 1, $\frac{2}{3}$ et $\frac{3}{4}$, et que son volume est égal à 3 mètres cubes.

22. Un chemin de fer traverse une terre horizontale sur un remblai ayant 6 mètres de hauteur, 8 mètres de largeur au sommet, et des talus gazonnés dont la pente descend de 3 sur 4, c'est-à-dire dont l'angle à l'horizon a pour tangente trigonométrique la fraction $\frac{3}{4}$. On demande combien ce remblai, sur chaque kilomètre de longueur, a exigé de mètres cubes de terre, et combien de mètres carrés de gazon.

23. La hauteur d'un prisme droit est de 1 décimètre; chaque base est un rectangle dont l'un des côtés est double de l'autre; et les quatre faces latérales jointes aux deux bases donnent une aire totale de 28 centimètres carrés. On demande le volume de ce prisme.

24. Trouver la hauteur d'une pyramide régulière à base carrée, sachant que la surface de la base est égale à $6^m,4726$ et que la longueur de chacune des arêtes est de $3^m,5$.

25. Déterminer le volume d'un tronc de pyramide dont les bases sont A et B et la hauteur H, en le considérant comme la différence entre deux pyramides.

26. On a une pyramide triangulaire tronquée parallèlement à sa base. La hauteur du tronc est de $0^m,4$; les côtés de la base inférieure sont de $0^m,6$, $0^m,8$ et 1^m, et le plus petit côté de la base supérieure est de $0^m,5$. Quel est le volume de ce tronc ?

27. Mener un plan parallèle à la base d'une pyramide, en sorte que son volume soit divisé dans le rapport de 3 à $7\frac{1}{8}$.

28. La diagonale d'un parallélépipède rectangle étant de 12^m et la somme de ses trois arêtes étant égale à 25^m, on demande de calculer la surface de ce polyèdre.

29. Déterminer les dimensions d'un parallélépipède rectangle dont on connaît la surface totale et la diagonale, et dont l'une des arêtes est égale à la moitié de la somme des deux autres.

30. On demande le poids d'un tombereau de terre qui a les dimensions suivantes : profondeur $0^m,75$, longueur du fond $0^m,86$, largeur du fond $0^m,52$, longueur du bord supérieur $0^m,88$, largeur du bord supérieur $0^m,82$. Ce tombereau est rempli à ras le bord d'une terre dont le décimètre cube pèse $2^{kg},68$.

31. S'il faut 1 centimètre cube d'or pour dorer la surface latérale d'un cylindre ayant $0^m,75$ de hauteur et $0^m,2$ de rayon, quelle sera l'épaisseur de la couche d'or ?

32. Le litre qui sert à la mesure des liquides est un cylindre dont la hauteur est double du diamètre de la base; et celui qui sert aux matières sèches est un cylindre équilatéral. Quelles sont les dimensions de ces cylindres ?

33. Dans un vase cylindrique contenant de l'eau, on introduit entièrement un cylindre plein ayant 1 décimètre de hauteur et 1 décimètre de diamètre, et l'on observe que l'eau s'élève de 1 centimètre. Quel est le diamètre du vase ?

34. Calculer le rayon de la base d'un cône dont la surface totale est de $0^{mq},42$ et dont le côté est égal à $0^m,5$.

35. On donne les rayons R et R′ et la hauteur H d'un tronc de cône, et l'on demande à quelle distance de la base inférieure il faut mener un plan pour que le volume du tronc soit divisé en deux parties équivalentes.

36. Un réservoir a la forme d'un tronc de cône dont la base inférieure a 1 mètre de diamètre; la surface supérieure de l'eau contenue dans ce réservoir a $1^m,6$ de diamètre et la profondeur de l'eau est de $1^m,5$. Si on laisse tomber dans ce réservoir un bloc cubique de marbre dont le côté est de $0^m,4$, de combien le niveau de l'eau s'élèvera-t-il ?

37. La hauteur d'un tronc de cône est h; les bases sont respectivement de $0^{mq},22$ et $0^{mq},55$. On demande quel diamètre il faut donner à un cylindre de même hauteur, pour qu'il soit équivalent à ce tronc de cône.

38. Établir la proposition suivante : lorsque le côté d'un tronc de cône égale la somme des rayons des bases, la moyenne géométrique entre les rayons donne la moitié de la hauteur, et l'on obtient le volume en multipliant la surface totale par le sixième de cette hauteur.

39. Un triangle équilatéral en acier de $0^m,15$ de côté tourne sur un de ses côtés et s'enfonce ainsi complétement dans un bloc de marbre dont le décimètre cube pèse $2^{kg},72$. L'axe de rotation est perpendiculaire à la surface du bloc, et le triangle pénètre par son sommet. Quelle est la perte de poids que le bloc de marbre doit subir dans cette opération ?

40. On enroule une feuille mince de platine ayant la forme d'un demi-cercle de $0^m,2$ de rayon, de manière à former un vase conique dans lequel on introduit 220 centimètres cubes d'eau. On demande à quelle hauteur au-dessus du sommet du cône s'élèvera le niveau du liquide.

41. Exprimer algébriquement le rayon de la sphère inscrite dans un cône de révolution. Appliquer ensuite la formule générale à la détermination numérique de ce rayon, lorsque le rayon de la base du cône a une longueur de $0^m,45$, sachant que le cône entier pourrait contenir 150 kilogrammes d'eau.

42. On a un tronc de cône en bois de sapin dont les bases ont respectivement pour diamètres $0^m,6$ et $0^m,4$; on le taille de manière à le réduire au tronc de pyramide régulière inscrite à base carrée, et pour cela on enlève 250 kilogrammes de bois. Le décimètre cube de sapin pesant 0^{kg},55, on demande la hauteur du tronc de cône.

43. Le rayon de la surface des mers supposée sphérique est de 6366198 mètres. Calculer à quelle distance peut s'étendre en pleine mer la vue d'un observateur élevé de 50 mètres au-dessus du niveau de l'eau.

44. Deux observateurs, chacun à bord d'un navire, à 3 mètres au-dessus de l'eau, cessent de s'apercevoir à une distance de 12600 mètres. Déduire de cette observation une valeur approchée du rayon de la terre.

45. On veut faire avec du taffetas qui pèse 250 grammes le mètre carré un ballon dont la capacité soit de 964^{mc},5. On demande quel sera le poids du taffetas.

46. Calculer à moins de 1 kilomètre la portion de la surface du globe comprise entre les deux parallèles menés de part et d'autre de l'équateur à 30° de ce cercle. (On suppose que la terre est sphérique.)

47. Déterminer le volume du segment sphérique compris entre deux plans parallèles menés du même côté du centre, l'un à la distance de 8 centimètres, l'autre à la distance de 2 décimètres dans une sphère dont le rayon est de 25 centimètres.

48. Le côté d'un octaèdre régulier étant représenté par a, on demande : 1° sa surface; 2° son volume; 3° le rayon de la sphère inscrite.

49. On demande le volume engendré par un triangle équilatéral, 1° lorsqu'il tourne autour d'un de ses côtés; 2° lorsqu'il tourne autour de sa hauteur; 3° lorsqu'il tourne autour d'un axe mené par un de ses sommets parallèlement au côté opposé; 4° lorsqu'il tourne autour d'un axe extérieur mené dans son plan perpendiculairement à l'un de ses côtés, à une distance d du sommet le plus voisin. On désignera par a le côté du triangle.

50. On demande le volume d'une lentille biconvexe ayant 12 centimètres de diamètre et dont les deux surfaces appartiennent l'une à une sphère de 10 centimètres de rayon et l'autre à une sphère de 75 millimètres de rayon.

51. A quelle distance du centre d'une sphère faut-il mener un plan pour que la section soit les trois quarts de la zone correspondante?

52. On donne une sphère dont le rayon est de $0^m,210$. Dans cette sphère pénètre un cylindre de révolution dont l'axe se confond avec un des diamètres de la sphère et qui a $0^m,210$ de diamètre. On demande de déterminer le volume de la partie du cylindre comprise dans la sphère.

53. On donne une sphère dans laquelle pénètre un cône de révolution dont l'axe se confond avec l'un des diamètres de la sphère et qui a un diamètre égal à celui de la sphère. On demande d'évaluer le volume de la partie du cône comprise dans la sphère, et de déterminer le rayon de la sphère lorsque cet espace contient 77 kilogrammes d'eau.

54. On donne un cône droit à base circulaire dont le rayon est R et l'apothème A. Le sommet de ce cône étant placé verticalement au-dessous de sa base, on y laisse tomber une sphère dont le rayon est r. Quel sera le rayon de la circonférence de contact? Quelle sera la distance du sommet du cône au centre de la sphère? Quelle sera la surface de la partie de la sphère que l'on peut voir du sommet du cône?

55. Trouver le volume engendré par un demi-hexagone régulier de 4 mètres de côté tournant autour du diamètre du cercle circonscrit.

56. Sur une circonférence donnée dont le rayon est égal à R, on prend un arc AB de 120^0, aux extrémités duquel on mène des tangentes. On mène le diamètre du cercle qui passe par le point de concours C des tangentes, et l'on fait tourner la figure autour de cette droite. On demande l'expression du volume total engendré.

57. Déterminer la surface et le volume du solide engendré par un octogone régulier en tournant autour d'un de ses côtés.

58. Dans une sphère, on inscrit un cône et un cylindre équilatéraux. Exprimer leurs surfaces et leurs volumes en fonction du rayon de la sphère.

59. On circonscrit à une sphère un cylindre et un cône équilatéraux. Exprimer leurs surfaces et leurs volumes en fonction du rayon de la sphère.

60. De tous les cônes circonscrits à la sphère, quel est celui dont la surface latérale est *minimum*? Quel est celui dont la surface totale est *minimum*? Quel est celui dont le volume est *minimum*?

PROBLÈMES DE TRIGONOMÉTRIE.

1. Résoudre les deux questions suivantes : 1° Quel est l'angle dont le sinus est égal à 0,434? 2° Sachant que le sinus de 18° est égal à $\frac{1}{4}$ ($\sqrt{5}-1$), calculer le sinus et le cosinus des arcs de 9°, 36° et 27°.

2. Une corde de $0^{m},37$ soustend un arc de 21° 9′ 6″; quel est le rayon du cercle, et quelle est la distance du centre à la corde?

3. Quel est le périmètre du polygone régulier de 19 côtés inscrit dans un cercle ayant $0^{m},75$ de rayon?

4. Calculer l'aire d'un segment dont l'arc est de 200° dans un cercle ayant $0^{m},47$ de rayon.

5. Dans le mouvement de rotation de la terre, combien de mètres parcourt en une heure chaque point de l'un des cercles polaires?

6. On sait que la surface de la terre est divisée en cinq zones par quatre cercles parallèles dont deux sont menés à 23° 28′ de l'équateur et les deux autres à 23° 28′ des pôles. Quelle est la surface de chacune de ces zones?

FIN.

TABLE DES MATIÈRES.

FIN DE LA TABLE.

Paris. — Imprimerie Gaittet et Cie, rue Git-le-Cœur,

Paris. — Typographie Gaittet et Cie, rue Gît-le-Cœur, 7.